21 世纪全国高职高专数学规划教材

高等数学

崔 信 编著

北京大学出版社
PEKING UNIVERSITY PRESS

内容简介

本书根据教育部制定的高职高专教育高等数学课程基本要求，贯彻以"应用为目的，以够用为度"的原则编写而成，以"掌握概念，强化应用"为出发点，满足专业对数学的基本要求并体现了高等职业教育的特点。全书共分七章，整体构架合理，语言精炼，精心选择教学素材。主要内容包括函数、极限、连续函数、导数与微分、微分学基本定理及其应用、不定积分和定积分等内容。

本书可作为高等职业学校、高等专科学校、成人高等学校各专业高等数学课程教材。

图书在版编目(CIP)数据

高等数学/崔信编著.—北京：北京大学出版社，2009.9
(21世纪全国高职高专数学规划教材)
ISBN 978-7-301-05139-9

Ⅰ.高… Ⅱ.崔… Ⅲ.高等数学－高等学校：技术学校－教材 Ⅳ.O13

中国版本图书馆 CIP 数据核字(2009)第 155565 号

书　　　　名：	高等数学
著作责任者：	崔　信　编著
责　任　编　辑：	吴坤娟
标　准　书　号：	ISBN 978-7-301-05139-9/O·0792
出　版　发　行：	北京大学出版社
地　　　　址：	北京市海淀区成府路 205 号　100871
电　　　　话：	邮购部 62752015　发行部 62750672　编辑部 62765126　出版部 62754962
网　　　　址：	http://www.pup.cn
电 子 信 箱：	xxjs@pup.pku.edu.cn
印　　刷　　者：	北京飞达印刷有限责任公司
经　　销　　者：	新华书店

787 毫米×980 毫米　16 开本　13.75 印张　300 千字
2009 年 9 月第 1 版　2010 年 2 月第 3 次印刷

定　　　　价：25.00 元

未经许可，不得以任何方式复制或抄袭本书之部分或全部内容。
版权所有，侵权必究
举报电话：010-62752024　电子信箱：fd@pup.pku.edu.cn

前　言

本书是根据教育部《关于全面提高高等职业教育教学质量的若干意见》和《高职高专教育高等数学课程教学基本要求》文件精神，认真总结汲取了近年来高等职业学校数学教学教改的经验，结合高等职业学校学生的实际情况编写的。

数学不仅仅是一种工具，它更是一个人必备的素养。爱因斯坦说过："用专业知识教育人是不够的，通过专业教育，他可以成为一种有用的机器，但不能成为一个和谐发展的人。使学生对价值（即社会伦理准则）有新的理解并产生强烈的感情，那是最基本的。"在编写本书时从两个方面做了努力：一是以"必须、够用为度"的教学原则，以"掌握概念，强化应用"为出发点，在保证科学性的基础上，注重讲清概念，减少论证，以满足专业对数学的基本的要求，体现了高等职业教育的特点；二是增强学生的思维本领，提高抽象能力、逻辑推理能力，不管学生从事什么职业，数学精神、数学的思维方式、研究方法等，都随时随地发生作用，使他们受益终生。

全书共分为七章，整体架构合理，语言精炼，精心选择教学素材。主要内容包括：函数、极限、连续函数、导数与微分、微分学基本定理及其应用、不定积分和定积分等内容。为让学生更好地做笔记，本书特地在每页左右两侧留出了空白。

本书可作为高等职业学校、高等专科学校、成人高等学校各专业高等数学课程教材。

由于时间仓促，加之编者水平有限，书中不妥之处，恳请读者批评指正。

编　者

二〇〇九年六月

目 录

常用符号 ··· (1)

 一、数集符号 ··· (1)

 二、逻辑符号 ··· (2)

 三、其他符号 ··· (4)

第一章 函数 ··· (6)

 §1.1 函数 ··· (6)

 练习题 1.1 ··· (11)

 §1.2 函数的基本性质 ··· (12)

 练习题 1.2 ··· (15)

 §1.3 复合函数与反函数 ··· (15)

 练习题 1.3 ··· (18)

 §1.4 初等函数 ··· (18)

 练习题 1.4 ··· (24)

 第一章 复习题 ··· (24)

 数学史话 ··· (26)

第二章 极限 ··· (28)

 §2.1 数列极限 ··· (28)

 练习题 2.1 ··· (32)

 §2.2 函数极限 ··· (33)

 练习题 2.2 ··· (40)

§2.3 极限运算法则 ··· (40)

练习题 2.3 ··· (42)

§2.4 两个重要极限 ······································· (43)

练习题 2.4 ··· (44)

第二章 复习题 ··· (45)

数学史话 ··· (47)

第三章 连续函数 ··· (49)

§3.1 连续函数 ·· (49)

练习题 3.1 ··· (54)

§3.2 连续函数的性质 ···································· (55)

练习题 3.2 ··· (59)

第三章 复习题 ··· (60)

数学史话 ··· (62)

第四章 导数与微分 ······································· (65)

§4.1 导数的概念 ·· (65)

练习题 4.1 ··· (72)

§4.2 基本求导法则 ······································· (73)

练习题 4.2 ··· (77)

§4.3 初等函数的导数 ···································· (77)

练习题 4.3 ··· (80)

§4.4 高阶导数 ·· (81)

练习题 4.4 ··· (82)

§4.5 隐函数与参数求导法则 ···························· (83)

练习题 4.5 ··· (86)

§4.6 函数的微分 ·· (87)

练习题 4.6 ··· (93)

第四章 复习题 ……………………………………………………… (94)

数学史话 …………………………………………………………… (97)

第五章 微分学基本定理及其应用 ……………………………… (99)

§5.1 中值定理 ……………………………………………………… (99)

练习题 5.1 ………………………………………………………… (102)

§5.2 洛必达法则 ………………………………………………… (103)

练习题 5.2 ………………………………………………………… (108)

§5.3 导数在研究函数上的应用 ………………………………… (109)

第五章 复习题 …………………………………………………… (129)

数学史话 ………………………………………………………… (133)

第六章 不定积分 ………………………………………………… (135)

§6.1 不定积分的概念与性质 …………………………………… (136)

练习题 6.1 ………………………………………………………… (143)

§6.2 直接积分法 ………………………………………………… (143)

练习题 6.2 ………………………………………………………… (146)

§6.3 换元积分法 ………………………………………………… (146)

练习题 6.3 ………………………………………………………… (157)

§6.4 分部积分法 ………………………………………………… (158)

练习题 6.4 ………………………………………………………… (165)

第六章 复习题 …………………………………………………… (166)

数学史话 ………………………………………………………… (170)

第七章 定积分 …………………………………………………… (172)

§7.1 定积分的概念 ……………………………………………… (172)

练习题 7.1 ………………………………………………………… (182)

§7.2 微积分基本公式 …………………………………………… (183)

练习题 7.2 ………………………………………………………… (187)

§7.3 定积分的换元积分法和分部积分法 …………………………… (189)
练习题 7.3 …………………………………………………………… (194)
§7.4 定积分的应用 …………………………………………………… (195)
练习题 7.4 …………………………………………………………… (206)
第七章 复习题 ……………………………………………………… (207)
数学史话 …………………………………………………………… (211)

常用符号

一、数集符号

本书所说的数都是实数. 全体实数,即实数集,表示为 R. 我们已知实数集 R 中的数和数轴上的点是一一对应的,因此也称 R 是**实直线**. 常将"数 a"说成"点 a",反之亦然. 本书所说的数集都是实数集 R 的子集. 实数集 R 有些常用的重要子集:

符号"N_+"表示**正整数集**;符号"N"表示**自然数集**;符号"Z"表示**整数集**;符号"Q"表示**有理数集**,有

$$N_+ \subset N \subset Z \subset Q \subset R$$

1. 区间 为了书写简练,将各种区间的符号、名称、定义列表如下:

($a, b \in R$,且 $a < b$)

符号		名称	定义
(a, b)	有限区间	开区间	$\{x \mid a < x < b\}$
$[a, b]$		闭区间	$\{x \mid a \leqslant x \leqslant b\}$
$(a, b]$		半开区间	$\{x \mid a < x \leqslant b\}$
$[a, b)$		半开区间	$\{x \mid a \leqslant x < b\}$
$(a, +\infty)$	无穷区间	开区间	$\{x \mid a < x\}$
$[a, +\infty)$		闭区间	$\{x \mid a \leqslant x\}$
$(-\infty, a)$		开区间	$\{x \mid x < a\}$
$(-\infty, a]$		闭区间	$\{x \mid x \leqslant a\}$

符号 $+\infty$ 和 $-\infty$ 分别读作"正无穷大"和"负无穷大",符号 ∞ 是 $+\infty$ 和 $-\infty$ 的通称,读作"无穷大". 在数学分析中不把它们看做数,它们在数轴上也没有位置,一般不与实数作四则运算. 但它们与实数有顺序关系,$+\infty$ 表示比一切实数都大,$-\infty$ 表示比一切实数都小,即对任意实数 x,有 $-\infty<x<+\infty$. 无穷开区间 $(-\infty,+\infty)$ 也表示实数集 R.

2. 邻域 设 $a\in R$,任意 $\delta>0$.

数集 $\{x\,|\,|x-a|<\delta\}$ 表为 $U(a,\delta)$,即
$$U(a,\delta)=\{x\,|\,|x-a|<\delta\}=(a-\delta,a+\delta),$$
称为 a 的 δ **邻域**. 当不需要注明邻域半径 δ 时,通常是对某个确定的邻域半径 δ,常将它表为 $U(a)$,简称 a 的**邻域**.

数集 $\{x\,|\,0<|x-a|<\delta\}$ 表为 $\mathring{U}(a,\delta)$,即
$$\mathring{U}(a,\delta)=\{x\,|\,0<|x-a|<\delta\}$$
$$=(a-\delta,a+\delta)-\{a\},$$
也就是在 a 的 δ 邻域 $U(a,\delta)$ 中去掉 a,称为 a 的 δ **去心邻域**. 当不需要注明邻域半径 δ 时,通常是对某个确定的邻域半径 δ,常将它表为 $\mathring{U}(a)$,简称 a 的**去心邻域**.

二、逻辑符号

数学分析的语言是文字叙述和数学符号共同组成的,其中有些数学符号是借用数理逻辑的符号. 使用这些数理逻辑的符号能使定义、定理的表述简明、准

确．数学语言的符号化是现代数学发展的一个趋势．本书将普遍使用这些符号．

1．连词符号

符号"⇒"表示"蕴涵"或"推得"，或"若……，则……"．

符号"⇔"表示"必要充分"，或"等价"．

设 A，B 是两个陈述句，可以是条件，也可以是命题．例如：

$A \Rightarrow B$——若命题 A 成立，则命题 B 成立；或命题 A 蕴涵命题 B；称 A 是 B 的充分条件，同时也称 B 是 A 的必要条件．

$$n \text{ 是整数} \Rightarrow n \text{ 是有理数}.$$

$A \Leftrightarrow B$——命题 A 与命题 B 等价；或命题 A 蕴涵命题 B ($A \Rightarrow B$)，同时命题 B 蕴涵命题 A ($B \Rightarrow A$)；或 $A(B)$ 是 $B(A)$ 的必要充分条件．

$$A \subset B \Leftrightarrow \text{任意 } x \in A, \text{ 有 } x \in B.$$

2．量词符号

符号"∀"表示"任意"，或"任意一个"，它是将英文字母 A 倒过来．

符号"∃"表示"存在某个"或"能找到"，它是将英文字母 E 反过来．

应用上述的数理逻辑符号表述定义、定理比较简练明确．例如，数集 A 有上界、有下界和有界的定义：

数集 A 有上界 $\Leftrightarrow \exists b \in R, \forall x \in A, \text{ 有 } x \leqslant b$；

数集 A 有下界 $\Leftrightarrow \exists a \in R, \forall x \in A, \text{ 有 } a \leqslant x$；

数集 A 有界 $\Leftrightarrow \exists M > 0, \forall x \in A, \text{ 有 } |x| \leqslant M$.

设有命题："集合 A 中任意元素 a 都有性质"

$P(a)$,用符号表为

$$\forall a \in A, \text{有 } P(a)$$

显然,这个命题的否命题是:"集合 A 中存在某个元素 a_0 没有性质 $P(a_0)$",用符号表为

$$\exists a_0 \in A, \text{没有 } P(a_0)$$

这两个命题互为否命题. 由此可见,否定一个命题,要将原命题中的"$\forall$"改为"$\exists$",将"$\exists$"改为"$\forall$",并将性质 P 否定. 例如,数集 A 有上界与数集 A 无上界是互为否命题,用符号表示就是:

数集 A 有上界 $\Leftrightarrow \exists b \in R, \forall x \in A, \text{有 } x \leqslant b$;

数集 A 无上界 $\Leftrightarrow \forall b \in R, \exists x_0 \in A, \text{有 } b < x_0$.

三、其他符号

符号"max"表示"最大"(它是 maximum(最大)的缩写).

符号"min"表示"最小"(它是 minimum(最小)的缩写).

设 $a_1, a_2, \cdots, a_n$ 是 n 个实数,例如:

Max$\{a_1, a_2, \cdots, a_n\}$ —— n 个实数 $a_1, a_2, \cdots, a_n$ 中最大数.

Min$\{a_1, a_2, \cdots, a_n\}$ —— n 个实数 $a_1, a_2, \cdots, a_n$ 中最小数.

符号 $[a]$ 表示不超过 a 的最大整数. 例如:
$[\pi]=[3.1415\cdots]=3$,$[-e]=[-2.718\cdots]=-3$,$[0]=0$,$[5]=5$.

常用符号

符号"$n!$"表示"不超过 n 的所有正整数的连乘积",读作"n 的阶乘",即

$$n! = n \cdot (n-1) \cdots 3 \cdot 2 \cdot 1.$$
$$7! = 7 \cdot 6 \cdot 5 \cdot 4 \cdot 3 \cdot 2 \cdot 1.$$

规定:$0! = 1$

符号"$n!!$"表示"不超过 n 并与 n 有相同奇偶性的正整数的连乘积"读作"n 的双阶乘",即

$$(2k-1)!! = (2k-1) \cdot (2k-3) \cdots 5 \cdot 3 \cdot 1.$$
$$(2k)!! = (2k) \cdot (2k-2) \cdots 6 \cdot 4 \cdot 2.$$
$$9!! = 9 \cdot 7 \cdot 5 \cdot 3 \cdot 1.$$
$$12!! = 12 \cdot 10 \cdot 8 \cdot 6 \cdot 4 \cdot 2.$$

符号"C_n^m"($n, m \in N_+$,且 $m \leqslant n$)表示"从 n 个不同元素中取 m 个元素的组合数",即

$$C_n^m = \frac{n(n-1) \cdots (n-m+1)}{m!} = \frac{n!}{m!(n-m)!},$$

有公式:$C_n^m = C_n^{n-m}$ 与 $C_{n+1}^m = C_n^m + C_n^{m-1}$.

笔记区

第一章 函　　数

函数是数学中最基本的概念，德国数学家拉格朗日（Lagrange）曾说："我此生没有什么遗憾，死亡并不可怕，它只不过是我要遇到的最后一个函数"．这位伟大的数学家，用函数来解释世间的一切事物，体现了一种可贵的函数思想：那就是通过某一事实的信息去推知另一事实．

§1.1　函　　数

一、函数的概念

函数是描述变量间相互依赖关系的一种数学模型．

在某一自然现象或社会现象中，往往同时存在多个不断变化的量（变量），这些变量并不是孤立变化的，而是相互联系并遵循一定的规律．函数就是描述这种联系的一个法则．

例如，在自由落体运动中，设物体下落的时间为 t，落下的距离为 s．假定开始下落的时刻为 $t=0$，则变量 s 与 t 之间的相依关系由数学模型

$$s = \frac{1}{2}gt^2$$

给定，其中 g 是重力加速度．

定义 设 x 和 y 是两个变量，D 是一个给定的非空数集．如果对于每个数 $x \in D$，变量 y 按照一定法则总有确定的数值和它对应，则称 y 是 x 的**函数**，记作

$$y = f(x), \quad x \in D$$

其中，x 称为**自变量**，y 称为**因变量**，数集 D 称为这个函数的**定义域**．

对 $x_0 \in D$，按照对应法则 f，总有确定的值 y_0（记为 $f(x_0)$）与之对应，称 $f(x_0)$ 为函数在点 x_0 处的**函数值**．因变量与自变量的这种相依关系通常称为**函数关系**．

当自变量 x 遍取 D 的所有数值时，对应的函数值 $f(x)$ 的全体构成的集合称为函数 f 的**值域**，记为 W 或 $f(D)$，即

$$W = f(D) = \{y \mid y = f(x), x \in D\}$$

注：函数的定义域与对应法则称为函数的两个要素．两个函数相等的充分必要条件是它们的定义域和对应法则均相同．

二、函数的定义域及函数值

我们知道，圆的面积 S 是半径 r 的函数，即 $S = \pi r^2$，$r \in [0, +\infty)$，其中定义域 $X = \{r \mid 0 \leqslant r < +\infty\}$ 就是这一函数 $S(r)$ 的定义域．如果单就解析式 $S = \pi r^2$，而不考虑其实际意义来说，本函数的定义域为 $X = \{r \mid -\infty < r < +\infty\}$．

所以，一般地，当 $f(x)$ 是用 x 的表达式给出时，如果不是特别声明，那么函数的定义域就是使 $f(x)$ 有意义的全体 x 的集合，通常称这样所确定的定义域为**自然定义域**.

上例中 $X=\{r\mid 0\leqslant r<+\infty\}$ 是实际定义域；$X=\{r\mid -\infty<r<+\infty\}$ 是自然定义域.

再如：重力作用下的自由落体运动公式 $S=\dfrac{1}{2}gt^2$，$t\in\left[0,\sqrt{\dfrac{2s}{g}}\right]$，其实际定义域为 $X=\left\{t\mid 0\leqslant t\leqslant\sqrt{\dfrac{2s}{g}}\right\}$，自然定义域为 $X=\{t\mid -\infty<t<+\infty\}$.

例1 求函数的定义域

(1) $f(x)=\sqrt{16-x^2}+\dfrac{1}{x-3}$；

(2) $\varphi(x)=\ln(3x-2)+\arccos x$.

解：(1) 要使 $\sqrt{16-x^2}$ 与 $\dfrac{1}{x-3}$ 同时有意义，应满足 $\sqrt{16-x^2}\geqslant 0$，且 $x-3\neq 0$

即 $|x|\leqslant 4$ 且 $x\neq 3$，其定义域如下图所示.

图 1-1

故定义域为 $\{x\mid -4\leqslant x<3\}\cup\{x\mid 3<x\leqslant 4\}$.

(2) 要使 $\ln(3x-2)$ 与 $\arccos x$ 同时有意义，应满足 $3x-2>0$ 且 $-1\leqslant x\leqslant 1$，即 $x>\dfrac{2}{3}$ 且 $-1\leqslant x\leqslant 1$，

故定义域为 $\left\{x \mid \dfrac{2}{3} < x \leqslant 1\right\}$，如下图所示.

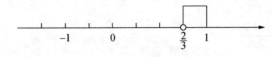

图 1-2

例 2 已知 $y=f(x)=x^3$，求：$f(-1)$；$f(1)$；$f\left(\dfrac{1}{x}\right)$；$f(x+1)$.

解：$f(-1)=(-1)^3=-1$；

$\qquad f(1)=1^3=1$；

$\qquad f\left(\dfrac{1}{x}\right)=\left(\dfrac{1}{x}\right)^3$；

$\qquad f(x+1)=(x+1)^3$

例 3 已知 $f(x+1)=\dfrac{3x}{1-x}$，要求：

(1) 写出 $f(x)$ 的表达式；

(2) 确定 $f(x)$ 的定义域；

(3) 求 $f[f(x)]$.

解：(1) $f(x+1)=\dfrac{3x}{1-x}$

令 $x+1=\mu$，$\therefore x=\mu-1$

$\therefore f(\mu)=\dfrac{3(\mu-1)}{2-\mu}$

$\therefore f(x)=\dfrac{3(x-1)}{2-x}=\dfrac{3x-3}{2-x}$

(2) 定义域为 $X=\{x \mid x \neq 2\}=(-\infty, 2)\cup(2, +\infty)$

(3) $\therefore f[f(x)] = \dfrac{3\dfrac{3x-3}{2-x}-3}{2-\dfrac{3x-3}{2-x}} = \dfrac{\dfrac{9x-9-6+3x}{2-x}}{\dfrac{4-2x-3x+3}{2-x}}$

$= \dfrac{12x-15}{7-5x}$

注：以上三例是对函数定义域的确定以及求函数值的进一步巩固与提高，抓住问题本质是解决此类问题的关键。

三、建立函数模型

为解决实际应用问题，首先要将该问题量化，从而建立起该问题的**数学模型**，即建立**函数关系**。

要把实际问题中变量之间的函数关系正确抽象出来，首先应分析哪些是常量，哪些是变量，然后确定选取哪个为自变量，哪个为因变量，最后根据题意建立它们之间的函数关系，同时给出函数的定义域。

例 4 某运输公司规定货物的吨公里运价为：在 a 公里以内，每公里 k 元，超过部分为每公里 $\dfrac{4}{5}k$ 元。求运价 m 和里程 s 之间的函数关系。

解：根据题意，可列出函数关系如下：

$$m = \begin{cases} ks, & 0 < s \leqslant a \\ ka + \dfrac{4}{5}k(s-a), & a < s \end{cases}$$

这里运价 m 和里程 s 的函数关系是用分段函数来表示的，定义域为 $(0, +\infty)$。

练习题 1.1

1. 分析下列函数是否是相同的函数.

   (1) $y=x$ 与 $y=\dfrac{x^2}{x}$

   (2) $y=x$ 与 $y=\sqrt{x^2}$

2. 求下列函数的定义域.

   (1) $y=\dfrac{1}{\lg(2x-1)}$

   (2) $y=\sqrt{x^2-2}$

   (3) $y=\sqrt{\ln(3x-2)}$

3. 已知 $f(x)=\begin{cases}\sqrt{1-x^2} & |x|\leqslant 1\\ x+1 & 1<|x|\leqslant 2\end{cases}$，求 $f\left(\dfrac{1}{2}\right), f\left(\dfrac{3}{2}\right).$

4. $f(x)=\dfrac{x}{1-x}$，求 $f[f(x)].$

5. 求下列函数的自然定义域.

   (1) $y=\dfrac{1}{x}-\sqrt{1-x^2}$

   (2) $y=\arcsin\dfrac{x-1}{2}$

   (3) $y=\sqrt{3-x}+\arctan\dfrac{1}{x}$

6. 下列函数是否是相同的函数，为什么？
   $f(x)=\lg x^2$ 与 $g(x)=2\lg x$

§1.2 函数的基本性质

一、函数的奇偶性

设函数 $f(x)$ 的定义域 D 关于原点对称. 若 $\forall x \in D$, 恒有
$$f(-x) = f(x),$$
则称 $f(x)$ 为**偶函数**；若 $\forall x \in D$, 恒有
$$f(-x) = -f(x),$$
则称 $f(x)$ 为**奇函数**.

偶函数的图形关于 y 轴是对称的. 奇函数的图形关于原点是对称的.

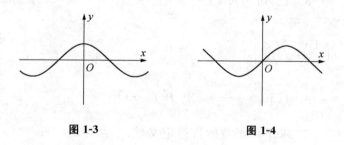

图 1-3　　　　　图 1-4

例如，函数 $y = \cos x$ 是偶函数；函数 $y = \sin x$ 是奇函数.

例 1　判断函数 $y = \ln(x\sqrt{1+x^2})$ 的奇偶性.

解：因为函数的定义域为 $(-\infty, +\infty)$，且
$$f(-x) = \ln(-x\sqrt{1+(-x)^2})$$
$$= \ln(-x\sqrt{1+x^2})$$

$$= \ln \frac{(-x\sqrt{1+x^2})(-x+\sqrt{1+x^2})}{-x+\sqrt{1+x^2}}$$

$$= \ln \frac{1}{x\sqrt{1+x^2}}$$

$$= -\ln(x\sqrt{1+x^2})$$

$$= -f(x)$$

所以 $f(x)$ 为奇函数.

二、函数的单调性

设函数 $f(x)$ 的定义域为 D, 区间 $I \subset D$, 如果对于区间 I 上任意两点 x_1 及 x_2, 当 $x_1 < x_2$ 时, 恒有

$$f(x_1) < f(x_2),$$

则称函数 $f(x)$ 在区间 I 上是**单调增加函数**; 如果对于区间 I 上任意两点 x_1 及 x_2, 当 $x_1 < x_2$ 时, 恒有

$$f(x_1) > f(x_2),$$

则称函数 $f(x)$ 在区间 I 上是**单调减少函数**.

例如, $y = x^2$ 在 $[0, +\infty)$ 内是单调增加的, 在 $(-\infty, 0]$ 内是单调减少的, 在 $(-\infty, +\infty)$ 内不是单调的（见下图）. 而 $y = x^3$ 在 $(-\infty, +\infty)$ 内是单调增加的（见下图）.

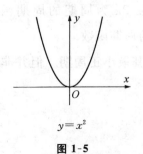

图 1-5

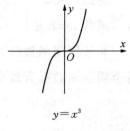

图 1-6

三、函数的有界性

设函数 $f(x)$ 的定义域为 D,数集 $X \subset D$,若存在一个正数 M,使得对一切 $x \in X$,恒有
$$|f(x)| \leqslant M,$$
则称函数 $f(x)$ 在 X 上**有界**,或称 $f(x)$ 是 X 上的**有界函数**,否则称 $f(x)$ 在 X 上**无界**,或称 $f(x)$ 是 X 上的**无界函数**.

例如,函数 $y=\sin x$ 在 $(-\infty,+\infty)$ 内有界,因为对任何实数 x,恒有 $|\sin x| \leqslant 1$. 函数 $y=\dfrac{1}{x}$ 在区间 $(0,1)$ 上无界,因为可以取无限靠近于零的数,使该函数的绝对值 $\left|\dfrac{1}{x}\right|$ 大于任何预先给定的正数 M. 但易见该函数在 $[1,+\infty)$ 上有界.

四、函数的周期性

设函数 $f(x)$ 的定义域为 D,如果存在常数 $T>0$,使得对一切 $x \in D$,有 $(x \pm T) \in D$,且
$$f(x+T)=f(x),$$
则称 $f(x)$ 为**周期函数**,T 称为 $f(x)$ 的**周期**.

例如,$\sin x$,$\cos x$ 都是以 2π 为周期的周期函数. 函数 $\tan x$ 是以 π 为周期的周期函数.

通常周期函数的周期是指其**最小正周期**. 但并非每个周期函数都有最小正周期.

练习题 1.2

1. 试着判断该函数的奇偶性.

(1) $y = \dfrac{e^x + e^{-x}}{2}$

(2) $y = \lg(x^2 + 1)$

(3) $y = x^2 \sin x$

2. 判断下列函数是否是周期函数,如果是,指出其周期.

(1) $y = \cos(x - 1)$

(2) $y = \sin^2 x$

(3) $y = \sin 2x$

§1.3 复合函数与反函数

一、复合函数

在现实经济活动中,我们会遇到这样的问题:一般来说成本 C 可以看做是产量 g 的函数. 而产量 g 又是时间 t 的函数. 时间 t 通过产量 g 间接影响成本 C,那么成本 C 仍然可以看做时间 t 的函数,C 与 t 的函数关系称作一种复合的函数关系.

定义 1 如果对于函数 $y = f(u)$,$u = \varphi(x)$,且函数 $\varphi(x)$ 的值的全部或部分包含在函数 $f(u)$ 的定义域内,那么 y 通过 u 的联系成为 x 的函数. 我们把 y

叫做 x 的**复合函数**，记作
$$y=f[\varphi(x)]$$
其中，u 叫做**中间变量**.

例 1 试求函数 $y=u^2$ 与 $u=\cos x$ 构成的复合函数.

解：将 $u=\cos x$ 代入 $y=u^2$ 中，即为所求的复合函数
$$y=\cos^2 x$$
其定义域为 $(-\infty,+\infty)$.

例 2 指出下列复合函数的结构：

(1) $y=(3x+5)^8$

(2) $y=\sqrt{\log_a(\sin x+3^x)}$

(3) $y=5^{\cot\frac{1}{x}}$

解：(1) $y=u^8$，$u=3x+5$

(2) $y=\sqrt{u}$，$u=\log_a v$，$v=\sin x+3^x$

(3) $y=5^u$，$u=\cot v$，$v=\dfrac{1}{x}$

二、反函数

反函数是逆映射的特例. 设函数 $f:A\to B$ 是单射，则存在逆映射 $f^{-1}:B\to A$，此时称 f^{-1} 为 f 的反函数. 详细定义为：

定义 2 给定函数 $y=f(x)$（$x\in X$，$y\in Y$），若对于 Y 中的每一个值 y，在 X 中都有唯一的 $x\in X$ 与 y 对应，即，使 $f(x)=y$，则在 Y 上确定了 $Y=f(x)$ 的反函数，记作：$x=f^{-1}(y)$（$y\in Y$），即 $f^{-1}:y\to x$.

习惯上，把 $y=f(x)$ 的反函数 $x=f^{-1}(y)$ 记作

$y=f^{-1}(x)$，从而 $y=f^{-1}(x)$ 的定义域是 $y=f(x)$ 的值域，值域是 $y=f(x)$ 的定义域，且反函数 $y=f^{-1}(x)$ 与 $y=f(x)$ 的图像关于直线 $y=x$ 对称.

例如，$y=f(x)=2x+1$ 是定义在 R 上的单调函数，即是单射，于是其反函数必定存在. 由 $y=2x+1$ 可得 $x=\dfrac{y-1}{2}$，故其反函数为 $y=\dfrac{x-1}{2}$ $(x\in R)$.

$y=x^2+3$ 是定义在 R 上的函数，因为在 R 上不单调，不是单射，故它没有反函数. 但对 $y=x^2$，$x\in(0,+\infty)$ 或 $x\in(-\infty,0)$ 时，其反函数是存在的，且分别为 $y=+\sqrt{x}$ 和 $y=\sqrt{-x}$.

一般地，对于给定的函数 $y=f(x)$ $(x\in X, y\in Y)$ 来说，它在 X 上有反函数存在的充要条件是 $f(x)$ 在 X 上是单调函数.

再如：$y=\sin x$ 在 $\left[-\dfrac{\pi}{2}, \dfrac{\pi}{2}\right]$ 是单调递增函数，则有反函数，且反函数为 $y=\arcsin x$，其定义域为 $[-1,1]$，值域为 $\left[-\dfrac{\pi}{2}, \dfrac{\pi}{2}\right]$. 同理，$y=\cos x$ 在 $[0,\pi]$ 上是单调递减的，所以也有反函数，且反函数为 $y=\arccos x$，其定义域为 $[-1,1]$，值域为 $[0,\pi]$；$y=\tan x$ 在 $\left(-\dfrac{\pi}{2}, \dfrac{\pi}{2}\right)$ 内单调，故有反函数 $y=\arctan x$，其定义域为 $(-\infty,+\infty)$，值域为 $\left(-\dfrac{\pi}{2}, \dfrac{\pi}{2}\right)$.

笔记区

练习题 1.3

1. 求由所给函数复合而成的函数.

   (1) $y=u^2$, $u=\cos x$

   (2) $y=\tan u$, $u=2x$

   (3) $y=e^u$, $u=\sin v$, $v=x^2+1$

2. 分解下列复合函数.

   (1) $y=(3x+2)^{10}$ (2) $y=\sqrt{1-x^2}$

   (3) $y=10^{-x}$ (4) $y=2^{x^2}$

   (5) $y=\log_2(x^2+1)$ (6) $y=\sin 5x$

   (7) $y=\sin x^5$ (8) $y=\sin^5 x$

   (9) $y=\lg\lg\lg x$ (10) $y=\arcsin \dfrac{x}{2}$

3. 求下列函数的反函数.

   (1) $y=2x+1$

   (2) $y=x^3+2$

§1.4 初等函数

一、基本初等函数

幂函数　　$y=x^\mu$　（μ 为任意实数）；

指数函数　　$y=a^x$　（$a>0$，且 $a\neq 1$）；

对数函数　　$y=\log_a x$　（$a>0$，且 $a\neq 1$）；

三角函数　$y=\sin x$，$y=\cos x$，$y=\tan x$ 等；

反三角函数　$y=\arcsin x$，$y=\arccos x$ 等．

以上五类函数统称为**基本初等函数**．为了便于以后的应用，我们再作简单复述如下．

（1）幂函数

幂函数 $y=x^\mu$ 的定义域 D 随 μ 值而定，但无论 μ 为何值，总有 $D\subset(0,+\infty)$，图形都经过点 $(1,1)$．

$y=x^\mu$ 中，$\mu=1$，2，3，$1/2$，-1 时最常见，它们的图形如图 1-7．

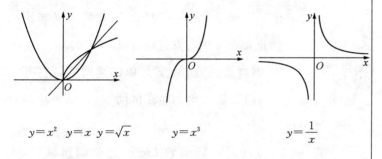

$y=x^2$　$y=x$　$y=\sqrt{x}$　　　$y=x^3$　　　$y=\dfrac{1}{x}$

图 1-7

（2）指数函数

指数函数 $y=a^x$（$a>0$，且 $a\neq1$）的定义域为 $(-\infty,+\infty)$，图形都在 x 轴上方且过点 $(0,1)$．

若 $a>1$，则指数函数 $y=a^x$ 是单调递增的．

若 $0<a<1$，则指数函数 $y=a^x$ 是单调递减的．

由于 $y=\left(\dfrac{1}{a}\right)^x=a^{-x}$，所以 $y=\left(\dfrac{1}{a}\right)^x$ 的图形与 $y=a^x$ 的图形关于 y 轴对称．如图 1-8．

笔记区

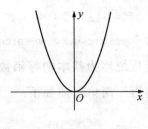

图 1-8

以常数 e＝2.7182818… 为底的指数函数 $y=e^x$ 是科技中常用的指数函数.

(3) 对数函数

对数函数 $y=\log_a x$ ($a>0$，且 $a\neq 1$) 的定义域为 $(0,+\infty)$，图形都在 y 轴右方且经过点 $(1,0)$.

若 $a>1$，则对数函数 $\log_a x$ 是单调递增的，在开区间 $(0,1)$ 内函数值为负，而在区间 $(1,+\infty)$ 内函数值为正.

若 $0<a<1$，则对数函数 $\log_a x$ 是单调递减的，在开区间 $(0,1)$ 内函数值为正，而在区间 $(1,+\infty)$ 内函数值为负.

对数函数 $y=\log_a x$ 与指数函数 $y=a^x$ 互为反函数，它们的图形关于直线 $y=x$ 对称. 如图 1-9.

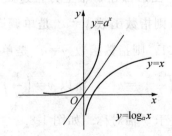

图 1-9

科技中常把以常数 e 为底的对数函数

$$y = \log_e x,$$

称为**自然对数**，简记为 $y = \ln x$.

对数函数中，当 $a = 10$ 时，称为**常用对数**，记为 $\lg x$，即 $\lg x = \log_{10} x$.

(4) 三角函数

这一类函数有六个：

正弦函数 $y = \sin x$，$x \in (-\infty, +\infty)$；余弦函数 $y = \cos x$，$x \in (-\infty, +\infty)$；

正切函数 $y = \tan x$，$x \in \left(-\dfrac{\pi}{2}, \dfrac{\pi}{2}\right) \cup \cdots$；余切函数 $y = \cot x$，$x \in (0, \pi) \cup \cdots$；

正割函数 $y = \sec x$，$x \in \left(-\dfrac{\pi}{2}, \dfrac{\pi}{2}\right) \cup \cdots$；余割函数 $y = \csc x$，$x \in (0, \pi) \cup \cdots$；

其中自变量均以弧度单位来表示.

正弦函数和余弦函数都是以 2π 为周期的周期有界函数，正弦函数是奇函数，余弦函数是偶函数.

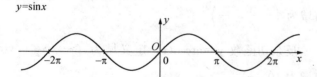

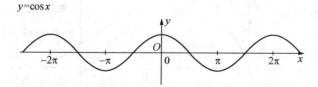

图 1-10

正切函数和余切函数都是以 π 为周期的周期函数，它们都是奇函数且无界.

笔记区

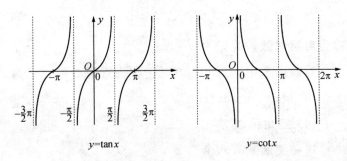

$y=\tan x$ $y=\cot x$

图 1-11

此外

$$\sec x = \frac{1}{\cos x}, \qquad \csc x = \frac{1}{\sin x}.$$

(5) 反三角函数

反正弦函数 $y=\arcsin x$，定义域为 $[-1, 1]$，值域为 $\left[-\dfrac{\pi}{2}, \dfrac{\pi}{2}\right]$

反余弦函数 $y=\arccos x$，定义域为 $[-1, 1]$，值域为 $[0, \pi]$

反正切函数 $y=\arctan x$，定义域为 $(-\infty, +\infty)$，值域为 $\left(-\dfrac{\pi}{2}, \dfrac{\pi}{2}\right)$

反余切函数 $y=\text{arccot}\, x$，定义域为 $(-\infty, +\infty)$，值域为 $(0, \pi)$

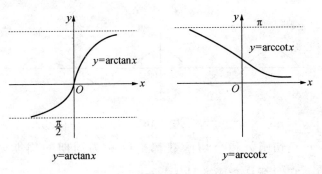

$y=\arctan x$ $y=\text{arccot}\, x$

图 1-12

二、初等函数

定义 1 由常数和基本初等函数经过有限次的四则运算和有限次的函数复合步骤所构成并可用一个式子表示的函数则称为初等函数.

例 1

$$y=2\sqrt{\cos\frac{x}{2}} \qquad y=e^{\sin^2 x}+\sqrt{\cos x-1} \qquad y=\sqrt{\ln(x-3)}$$

都是初等函数.

注：分段函数不是初等函数（请同学们思考为什么）

特别地：由常数函数和幂函数构成的多项式函数 $P(x)$，$Q(x)$，有理函数 $R(x)$ 也都是初等函数.

三、函数模型实例

研究数学模型，建立数学模型，进而借鉴数学模型，对提高解决实际问题的能力，以及数学素养是十分重要的，建立数学模型的步骤可分为：

（1）分析问题中哪些是变量，哪些是常量，分别用字母表示；

（2）根据所给条件，运用数学、物理或其他知识，确定等量关系；

（3）具体写解析式 $y=f(x)$，并指明定义域.

例 2 重力为 P 的物体置于地平面上，设有一与水平方向成 α 角的拉力 F，使物体由静止开始移动，求物体开始移动时拉力成 α 角的拉力 F 与角 α 之间的函数关系.

解：由物理知识知，当水平拉力与摩擦力平衡时，物体开始移动，而摩擦力是与正压力 $P-F\sin\alpha$ 成正比的，设摩擦力为 u，故有：

$$F\cos\alpha = u(P - F\sin\alpha),$$

$$F = \frac{uP}{\cos\alpha + u\sin\alpha} \quad (0° < \alpha < 90°)$$

练习题 1.4

1. 求下列初等函数的定义域：

$y = \sqrt{\ln(3x-2)}$ $\qquad$ $y = \arcsin\dfrac{x-1}{2}$

$y = \dfrac{1}{x^2 + 5}$ $\qquad$ $y = \log_3(\lg x)$

2. 1982 年底，七国人口为 10.3 亿，如果不实行计划生育政策，按照年均 2％ 的自然增长率计算，那么到 2000 年底，七国人口将是多少？若人口基数为 p，人口增长率为 r，你能建立一个人口模型吗？

第一章 复习题

一、判断题

1. 两个偶函数的和仍是偶函数. (　　)

2. 设 $f(x) = \sin x$，$g(x) = x^2$，$h(x) = \ln x$，则 $f\{g[h(x)]\} = \sin 2\ln x$. (　　)

3. 若 $y=f(x)$ 是偶函数，$y=g(x)$ 是奇函数，则 $f(x)\cdot g(x)$ 是奇函数． （　）

4. 若 $f(x-1)=x^2+1$，则 $f(x)=x^2+2x+2$． （　）

5. $f(x)$ 为定义在 $[-l, l]$ 上的任意函数，则 $f(x)+f(-x)$ 必为偶函数． （　）

6. 初等函数在其定义域内必连续． （　）

二、填空题

1. 当（　　　）时，函数 $f(x)=\ln x^2$ 与 $g(x)=2\ln x$ 表示同一个函数．

2. $f(x)=e^{x-1}$，则 $f(2)=($　　$)$；$f[f(1)]=($　　$)$．

3. $y=\tan\sqrt{x-5}$ 的复合过程是（　　　　）．

4. 若函数 $f\left(x+\dfrac{1}{x}\right)=x^2+\dfrac{1}{x^2}$，那么 $f(x)=($　　$)$．

5. 函数 $f(x)=\sqrt{4-x^2}+\dfrac{1}{|x|-1}$，那么 $f(x)$ 的定义域为（　　　）．

三、解答题

已知 $f(x)=x^3-2x+4$，求 $f(0)$，$f(-x)$．

数学史话

初中文凭，独步中华——华罗庚

华罗庚是20世纪中国最杰出的数学家，1910年11月12日诞生于江苏省金坛县，1985年6月12日于日本东京病逝。因家境贫寒，早年没有接受过系统的高等教育。他初中毕业后，考取了上海中华职业学校，因拿不出50元的学费而中途辍学，回金坛帮助其父母经营"乾生泰"小店，同时刻苦自修数学。1930年在上海的《科学》杂志上发表了一篇关于五次方程的文章而受到清华大学数学系主任熊庆来的注意，认为华罗庚有培养前途，经熊庆来推荐，华罗庚于1931年到清华大学数学系任数学系助理，1933年被破格提升为助教，一年后教微积分课。1934年华罗庚成为"中华文化教育基金会董事会"乙种研究员。1935年被提升为教员。1936年作为访问学者到英国剑桥大学进修。1938年应清华大学之聘任正教授，执教于西南联合大学。1946年2月至5月应前苏联科学院与前苏联对外文化协会的邀请对前苏联作了广泛的访问。1946年7月赴美，他先在普林斯顿高级研究院作研究，后在普林斯顿大学教数论。1948年春在伊利诺伊大学任正教授。1950年2月回国，任清华大学数学系教授，并着手筹建中国科学院数学研究所。1952年华罗庚出任中国科学院数学研究所第一任所长。

华罗庚是享有国际盛誉的数学家，1978年他出任中国科学院副院长，1982年当选为美国科学院院士，1983年当选为第三世界科学院院士。

值得一提的是，华罗庚文学水平极高，他写了不少诗文，并以诗歌的形式传授数学方法论。

第二章 极 限

极限思想反映了一个变化的量与一个已知量的一种无限逼近，以至于用这个已知量来反映这个变量的终极值，这种思想，早在三国时期的刘徽，就用倍增的圆内接正多边形去逼近圆，以至于当圆内接多边形的边数无限倍增时，圆内接正多边形的面积就向某个定数（即圆的面积）不断接近，为此，圆内接正多边形的面积的极限就是圆的面积．用刘徽之言，即："割之弥细，所失弥少，割之又割，以至于不可割，则与圆合体，而无所失矣！"

§2.1 数列极限

一、数列极限的概念

按一定次序排列的无穷多个数

$$x_1, x_2, \cdots, x_3, \cdots, x_n, \cdots$$

称为无穷数列，简称**数列**．可简记为 $\{x_n\}$．其中每个数称为数列的项，x_n 称为**通项**（一般项）．

定义1 设有数列 $\{x_n\}$ 与常数 a，如果当 n 无限增大时，x_n 无限接近于 a，则称常数 a 为**数列**

$\{x_n\}$ 的极限，或称**数列** $\{x_n\}$ **收敛**于 a，记为

$$\lim_{n\to\infty} x_n = a, \text{ 或 } x_n \to a \ (n\to\infty).$$

如果一个数列没有极限，就称该数列是**发散**的.

注：记号 $x_n \to a \ (n\to\infty)$ 常读作：当 n 趋于无穷大时，x_n 趋于 a.

例1 下列各数列是否收敛，若收敛，请指出其收敛于何值.

(1) $\{3^n\}$；　　　　(2) $\left\{\dfrac{1}{n}\right\}$；

(3) $\{(-1)^{n+1}\}$；　　(4) $\left\{\dfrac{n-1}{n}\right\}$.

解：(1) 数列 $\{3^n\}$ 即为

$$3, 9, 27, \cdots, 3^n, \cdots$$

易见，当 n 无限增大时，3^n 也无限增大，故该数列是发散的.

(2) 数列 $\left\{\dfrac{1}{n}\right\}$ 即为

$$1, \frac{1}{2}, \frac{1}{3}, \cdots, \frac{1}{n}, \cdots$$

易见，当 n 无限增大时，$\dfrac{1}{n}$ 也无限接近于 0，故该数列收敛于 0.

(3) 数列 $\{(-1)^{n-1}\}$ 即为

$$1, -1, 1, -1, \cdots, (-1)^{n-1}, \cdots$$

易见，当 n 无限增大时，$(-1)^{n-1}$ 无休止的反复取 1、-1 两个数，而不会无限接近于任何一个确定的常数，故该数列是发散的.

(4) 数列 $\left\{\dfrac{n-1}{n}\right\}$ 即为

$$0, \frac{1}{2}, \frac{2}{3}, \frac{3}{4}, \cdots, \frac{n-1}{n}, \cdots$$

易见，当 n 无限增大时，$\frac{n-1}{n}$ 也无限接近于 1，故该数列收敛于 1.

二、数列收敛的条件

定理 1（必要条件） 若数列 $\{x_n\}$ 收敛，则数列 $\{x_n\}$ 一定有界.

需要注意的是，有界数列不一定收敛，但无界数列必然发散.

定理 2（充要条件） 数列 $\{x_n\}$ 收敛于 a 的充要条件是其任一子数列都收敛于 a.

定理 3（充要条件） 数列 $\{x_n\}$ 收敛于 a 的充要条件是其子数列 $\{x_{2m-1}\}$ 与 $\{x_{2m}\}$ 都收敛于 a.

三、建立函数模型

购物中的讨价还价问题.

在当前市场经济条件下，在商店，尤其是私营个体商店中的商品，所标价格 a 与其实际价 b 之间，存在着相当大的差距. 对购物的消费者来说，总希望这个差距越小越好，即希望比值 $\frac{a}{b}=\lambda=1$；而商家则希望 $\lambda>1$. 这样，就存在两个问题：第一，商家应如何根据商品的实际价值（或保本价）b 来确定其价格 a 才较为合理？第二，购物者根据商品定价，应如何与商家"讨价还价"？

第一个问题，国家关于零售商品定价有关规定，但在个体商家实际定价中,常用"黄金数"方法,即按实际价 b 定出的价格 a,使 $\dfrac{b}{a}=0.618$.

对消费者来说,如何"讨价还价"才算合理?一种常见的方法是"对半还价法":消费者第一次减去定价的一半,商家第一次讨价则加上二者差价的一半;消费者第二次还价再减去二者差价的一半;直至达到双方都能接受的价格为止.

有人认为,这样讨价还价的结果,其理想的最终价格,将是原定价的黄金分割点. 其实不然,我们可建立数学模型定量分析一下上述"讨价还价"的过程和结果.

设原定价格为 a,各次讨价还价如下:

	消费者还价	商家讨价
第一次	$b_1 = \dfrac{a}{2}$;	$c_1 = b_1 + \dfrac{a-b_1}{2}$ $= \dfrac{a}{2} + \dfrac{a}{4}$;
第二次	$b_2 = c_1 - \dfrac{1}{2}(c_1 - b_1)$ $= \dfrac{a}{2} + \dfrac{a}{4} - \dfrac{a}{8}$;	$c_2 = b_2 + \dfrac{1}{2}(c_1 - b_1)$ $= \dfrac{a}{2} + \dfrac{a}{4} - \dfrac{a}{8} + \dfrac{a}{16}$;
⋮	⋮	⋮

由此可见,b_k 和 c_k 是摆动数列 a_n:

$a_n = \dfrac{a}{2} + \dfrac{a}{4} - \dfrac{a}{8} + \cdots + \dfrac{(-1)^n}{2}a$ 的交错项. a_n 从第二项开始,是以 $-\dfrac{1}{2}$ 为公比的等比数列的 n 项部分和,从而有

笔记区

$$\lim_{n\to\infty}a_n = \frac{a}{2}+\frac{a}{4}\cdot\frac{1}{1+\frac{1}{2}}=\frac{a}{2}+\frac{a}{6}=\frac{2}{3}a$$

这就是 $\{b_n\}$ 和 $\{c_n\}$ 共同的极限值，也就是说，对半讨价还价的最终结果，是原价的三分之二.

又因 $\frac{2}{3}-0.618\approx 0.049$，所以，即使商家按"黄金数"定价，如上讨价还价后，也还有接近 8% 的赚头，这对双方来说，都是可以接受的.

练习题 2.1

1. 观察下列数列当 $n\to\infty$ 时的变化趋势，指出哪些有极限？极限是什么？哪些没有极限？为什么？

(1) $x_n = \dfrac{1000}{n}$

(2) $x_n = (-1)^n \dfrac{1}{2^n}$

(3) $x_n = \dfrac{n}{n+1}$

(4) $x_n = 1 - \dfrac{1}{3^n}$

(5) $x_n = 1 + (-1)^n$

(6) $x_n = (-1)^n n$

(7) $x_n = 2 + \dfrac{1}{n}$

2. 求证下列数列的极限不存在：

$$1,\ \frac{1}{2},\ 2,\ \frac{1}{3},\ 3,\ \cdots,\ n,\ \frac{1}{n},\ \cdots$$

§2.2 函数极限

一、$x \to \infty$ 的情形

定义 1 如果当 x 的绝对值无限增大时，函数 $f(x)$ 无限接近于常数 A，则称常数 A 为**函数 $f(x)$ 当 $x \to \infty$ 时的极限**，记作

$$\lim_{x \to \infty} f(x) = A, \text{ 或 } f(x) \to A (x \to \infty).$$

如果在上述定义中，限制 x 只取正值或者只取负值，即有

$$\lim_{x \to +\infty} f(x) = A \text{ 或 } \lim_{x \to -\infty} f(x) = A$$

则称常数 A 为**函数 $f(x)$ 当 $x \to +\infty$ 或 $x \to -\infty$ 时的极限**.

注意到 $x \to \infty$ 意味着同时考虑 $x \to +\infty$ 与 $x \to -\infty$，可以得到下面的定理：

定理 1 极限 $\lim\limits_{x \to \infty} f(x) = A$ 的充分必要条件是 $\lim\limits_{x \to +\infty} f(x) = \lim\limits_{x \to -\infty} f(x) = A$.

例 1 求极限 $\lim\limits_{x \to \infty}\left(1 + \dfrac{1}{x}\right)$.

解：因为当 x 的绝对值无限增大时，$\dfrac{1}{x}$ 无限接近于 0，即函数 $1 + \dfrac{1}{x}$ 无限接近于常数 1，所以 $\lim\limits_{x \to \infty}\left(1 + \dfrac{1}{x}\right) = 1$.

例 2 讨论极限 $\lim\limits_{x \to \infty} \sin x$.

解：观察函数 $y = \sin x$ 的图形易知：当自变量 x

的绝对值$|x|$无限增大时，对应的函数值y在区间$[-1,1]$上振荡，不能无限接近于任何常数，所以极限$\lim\limits_{x\to\infty}\sin x$不存在.

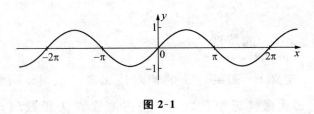

图 2-1

例 3 讨论极限$\lim\limits_{x\to\infty}\arctan x$，$\lim\limits_{x\to+\infty}\arctan x$及$\lim\limits_{x\to-\infty}\arctan x$.

解：观察函数$\lim\limits_{x\to\infty}\arctan x$的图形易知：当$x\to-\infty$时，曲线$y=\arctan x$无限接近于直线$y=-\dfrac{\pi}{2}$，即

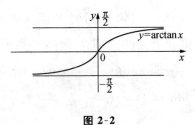

图 2-2

对应的函数值无限接近于常数$-\dfrac{\pi}{2}$；当$x\to+\infty$时，曲线$y=\arctan x$无限接近于直线$y=\dfrac{\pi}{2}$，即对应的函数值无限接近于常数$\dfrac{\pi}{2}$. 所以极限

$$\lim\limits_{x\to+\infty}\arctan x=\dfrac{\pi}{2},\quad \lim\limits_{x\to-\infty}\arctan x=-\dfrac{\pi}{2}$$

由于 $\lim\limits_{x\to+\infty}\arctan x \neq \lim\limits_{x\to-\infty}\arctan x$，所以极限 $\lim\limits_{x\to\infty}\arctan x$ 不存在.

二、$x\to x_0$ 的情形

定义 2　设函数 $f(x)$ 在点 x_0 的某一去心邻域内有定义. 如果当 $x\to x_0$（$x\neq x_0$）时，函数 $f(x)$ 无限接近于常数 A，则称常数 A 为**函数 $f(x)$ 当 $x\to x_0$ 时的极限**. 记作

$$\lim_{x\to x_0}f(x)=A，\text{或}\ f(x)\to A(x\to x_0).$$

例 4　试根据定义说明下列结论：

(1) $\lim\limits_{x\to x_0}x=x_0$

(2) $\lim\limits_{x\to x_0}C=C$

解：(1) 当自变量 x 趋于 x_0 时，函数 $y=x$ 也趋于 x_0，故 $\lim\limits_{x\to x_0}x=x_0$；

(2) 当自变量 x 趋于 x_0 时，函数 $y=C$ 始终取相同的值 C，故 $\lim\limits_{x\to x_0}C=C$.

当自变量 x 从 x_0 左侧（或右侧）趋于 x_0 时，函数 $f(x)$ 趋于常数 A，则称 A 为 $f(x)$ 在点 x_0 处的**左极限**（或**右极限**），记为

$$\lim_{x\to x_0^-}f(x)=A\ (\text{或}\ \lim_{x\to x_0^+}f(x)=A)$$

如图所示为左极限和右极限的示意图.

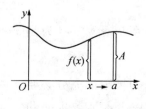

图 2-3

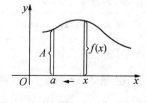

图 2-4

注意到 $x \to x_0$ 意味着同时考虑 $x \to x_0^+$ 与 $x \to x_0^-$，可以得到下面的定理：

定理 2   极限 $\lim\limits_{x \to x_0} f(x) = A$ 的充分必要条件是 $\lim\limits_{x \to x_0^-} f(x) = \lim\limits_{x \to x_0^+} f(x) = A$.

例 5   设 $f(x) = \begin{cases} x, & x \geq 0 \\ -x+1, & x < 0 \end{cases}$，求 $\lim\limits_{x \to 0} f(x)$.

解：因为
$$\lim\limits_{x \to 0^-} f(x) = \lim\limits_{x \to 0^-}(-x+1) = 1$$
$$\lim\limits_{x \to 0^+} f(x) = \lim\limits_{x \to 0^+} x = 0$$

即有 $\lim\limits_{x \to 0^-} f(x) \neq \lim\limits_{x \to 0^+} f(x)$

所以 $\lim\limits_{x \to 0} f(x)$ 不存在（见图 2-5）.

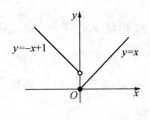

图 2-5

三、无穷小

定义 3   如果函数 $f(x)$ 当 $x \to x_0$（或 $x \to \infty$）时的极限为零，则称函数 $f(x)$ 为 $x \to x_0$（或 $x \to \infty$）时的无穷小.

例 6   因为 $\lim\limits_{x \to +\infty} e^{-x} = 0$，所以函数 e^{-x} 为当 $x \to +\infty$ 时的无穷小.

定理 3   函数 $f(x)$ 以 A 为极限的充分必要条件是函数 $f(x)$ 可以表示为 A 与一个无穷小的和，即

$f(x)=A+a(x)$，其中 $a(x)$ 是一个无穷小.

这一定理的证明可由极限和无穷小的定义容易得到，这里从略了. 这一结论可见下例.

例 7 设 $f(x)=1+e^{-x}$，由例 6 和定理 1 知 $\lim\limits_{x\to+\infty}f(x)=1$.

四、无穷大

定义 4 如果当 $x\to x_0$（或 $x\to\infty$）时，对应的函数值 $|f(x)|$ 无限增大，则称函数 $f(x)$ 当 $x\to x_0$（或 $x\to\infty$）时为无穷大. 记作

$$\lim_{x\to x_0}f(x)=\infty\quad(\text{或}\lim_{x\to\infty}f(x)=\infty).$$

当 $x\to x_0$（或 $x\to\infty$）时为无穷大的 $f(x)$，按函数极限的定义来说，极限是不存在的. 但为了便于叙述函数的这一性态，我们也说"函数的极限是无穷大".

如果当 $x\to x_0$（或 $x\to\infty$）时，对应的函数值 $f(x)$ 无限增大，则称函数 $f(x)$ 当 $x\to x_0$（或 $x\to\infty$）时为正无穷大. 记作

$$\lim_{x\to x_0}f(x)=+\infty\quad(\text{或}\lim_{x\to\infty}f(x)=+\infty).$$

若对应的函数值 $f(x)<0$，且 $|f(x)|$ 无限增大，则称函数 $f(x)$ 当 $x\to x_0$（或 $x\to\infty$）时为负无穷大. 记作

$$\lim_{x\to x_0}f(x)=-\infty\quad(\text{或}\lim_{x\to\infty}f(x)=-\infty).$$

例 8 易知

$$\lim_{x\to 1}\frac{1}{x-1}=\infty.$$

定理 4 在自变量同一变化过程中，如果 $f(x)$

为无穷大，则 $\dfrac{1}{f(x)}$ 为无穷小；反之，如果 $f(x)$ 为无穷小，则 $\dfrac{1}{f(x)}$ 为无穷大.

如例 8、例 9 情形.

例 9 当 $x \to +\infty$ 时，e^{-x} 是无穷小，由定理 2 知，$x \to +\infty$ 时 $e^x = \dfrac{1}{e^{-x}}$ 就是无穷大，因为 $e^x > 0$，所以 $x \to +\infty$ 时 e^x 是正无穷大，即

$$\lim_{x \to +\infty} e^x = +\infty.$$

五、无穷小的阶

两个无穷小的和、差及乘积仍然是无穷小，但两个无穷小之比，却会出现不同的情况. 例如，当 $x \to 0$ 时，$3x$、x^2 都是无穷小，但是 $\lim\limits_{x \to 0} \dfrac{x^2}{3x} = 0$，$\lim\limits_{x \to 0} \dfrac{3x}{x^2} = \infty$，比的极限不同，反映了不同的无穷小趋于零的速度的差异. 为了比较无穷小趋于零的速度的快慢，我们给出下面的定义.

定义 5 设在自变量的同一变化过程中，α 和 β 都是无穷小.

(1) 若 $\lim \dfrac{\beta}{\alpha} = 0$，则称 β 是比 α 高阶的无穷小，记作 $\beta = o(\alpha)$；

(2) 若 $\lim \dfrac{\beta}{\alpha} = \infty$，则称 β 是比 α 低阶的无穷小；

(3) 若 $\lim \dfrac{\beta}{\alpha} = C\ (C \neq 0)$，则称 β 与 α 是同阶的无穷小. 特别的，若 $\lim \dfrac{\beta}{\alpha} = 1$，则称 β 与 α 是等价的

无穷小，记作 $\alpha \sim \beta$.

等价无穷小在求两个无穷小之比的极限时，有重要作用，对此有如下定理.

定理 5 设 $\alpha \sim \alpha'$，$\beta \sim \beta'$，且 $\lim \dfrac{\beta'}{\alpha'}$ 存在，则 $\lim \dfrac{\beta'}{\alpha'} = \lim \dfrac{\beta}{\alpha}$.

证明 $\lim \dfrac{\beta}{\alpha} = \lim \left(\dfrac{\beta}{\beta'} \cdot \dfrac{\beta'}{\alpha'} \cdot \dfrac{\alpha'}{\alpha} \right)$

$\qquad = \lim \dfrac{\beta}{\beta'} \cdot \lim \dfrac{\beta'}{\alpha'} \cdot \lim \dfrac{\alpha'}{\alpha}$

$\qquad = \lim \dfrac{\beta'}{\alpha'}$

下面是常用的几个等价无穷小代换，当 $x \to 0$ 时有

$\sin x \sim x$，$\tan x \sim x$，$\arcsin x \sim x$，$\arctan x \sim x$，$1 - \cos x \sim \dfrac{x^2}{2}$，$\ln(1+x) \sim x$，$e^x - 1 \sim x$，$\sqrt{1+x} - 1 \sim \dfrac{x}{2}$

例 10 求下列极限.

(1) $\lim\limits_{x \to 0} \dfrac{\tan 2x}{\sin 5x}$ \qquad (2) $\lim\limits_{x \to 0} \dfrac{\sin x}{x^3 + 3x}$

解： (1) 当 $x \to 0$ 时，$\tan 2x \sim 2x$，$\sin 5x \sim 5x$，所以 $\lim\limits_{x \to 0} \dfrac{\tan 2x}{\sin 5x} = \lim\limits_{x \to 0} \dfrac{2x}{5x} = \dfrac{2}{5}$

(2) 当 $x \to 0$ 时，$\sin x \sim x$，$x^3 + 3x \sim x^3 + 3x$，所以

$\lim\limits_{x \to 0} \dfrac{\sin x}{x^3 + 3x} = \lim\limits_{x \to 0} \dfrac{x}{x^3 + 3x} = \lim\limits_{x \to 0} \dfrac{1}{x^2 + 3} = \dfrac{1}{3}$

笔记区

练习题 2.2

1. 求函数 $f(x)=\dfrac{|x|}{x}$，$\varphi(x)=\dfrac{x}{x}$ 当 $x\to 0$ 时的左、右极限，并说明它们在 $x\to 0$ 时的极限是否存在.

2. 当 $x\to 0$ 时，下列变量中指出哪些是无穷小量？哪些是无穷大量？

$$100x^2,\ \dfrac{2}{x},\ \dfrac{x}{0.01},\ \dfrac{x}{x^2},\ \dfrac{x^2}{x},\ x^2+0.1x$$

3. 判断 $\lim\limits_{x\to\infty}e^{\frac{1}{x}}$ 是否存在，若将极限过程改为 $x\to 0$ 呢？

§2.3 极限运算法则

一、无穷小的运算法则

定理 1 两个无穷小的和仍为无穷小.

推论 1 有限个无穷小的和仍为无穷小.

定理 2 有界函数与无穷小的乘积为无穷小.

推论 2 常数与无穷小的乘积是为无穷小.

推论 3 有限个无穷小的乘积也是无穷小.

二、极限四则运算法则

定理 3 设当 $x\to x_0$ 时，函数 $f(x)$ 和 $g(x)$ 的极限均存在，且 $\lim\limits_{x\to x_0}f(x)=A$，$\lim\limits_{x\to x_0}g(x)=B$，则

(i) $\lim\limits_{x\to x_0}[f(x)\pm g(x)]=\lim\limits_{x\to x_0}f(x)\pm\lim\limits_{x\to x_0}g(x)=A\pm B$;

(ii) $\lim\limits_{x\to\infty}[f(x)\cdot g(x)]=\lim\limits_{x\to\infty}f(x)\lim\limits_{x\to\infty}g(x)=A\cdot B$;

(iii) $\lim\limits_{x\to x_0}\dfrac{f(x)}{g(x)}=\dfrac{\lim\limits_{x\to x_0}f(x)}{\lim\limits_{x\to x_0}g(x)}=\dfrac{A}{B}$, $(B\neq 0)$.

例 1 求 $\lim\limits_{x\to 2}(x^2-3x+5)$.

解：
$$\lim_{x\to 2}(x^2-3x+5)$$
$$=\lim_{x\to 2}x^2-\lim_{x\to 2}3x+\lim_{x\to 2}5$$
$$=(\lim_{x\to 2}x)^2-3\lim_{x\to 2}x+\lim_{x\to 2}5$$
$$=2^2-3\cdot 2+5=3$$

例 2 求 $\lim\limits_{x\to 3}\dfrac{2x^2-9}{5x^2-7x-2}$.

解：
$$\lim_{x\to 3}\frac{2x^2-9}{5x^2-7x-2}$$
$$=\frac{\lim\limits_{x\to 3}(2x^2-9)}{\lim\limits_{x\to 3}(5x^2-7x-2)}$$
$$=\frac{2\cdot 3^2-9}{5\cdot 3^2-7\cdot 3-2}=\frac{9}{22}$$

例 3 求 $\lim\limits_{x\to 1}\dfrac{x^2-1}{x^2+2x-3}$.

解：
$$\lim_{x\to 1}\frac{x^2-1}{x^2+2x-3}$$
$$=\lim_{x\to 1}\frac{(x-1)(x+1)}{(x+3)(x-1)}$$
$$=\lim_{x\to 1}\frac{x+1}{x+3}=\frac{1}{2}$$

例 4 计算 $\lim\limits_{x\to 4}\dfrac{x-4}{\sqrt{x+5}-3}$.

解： 当 $x\to 4$ 时，

$\sqrt{x+5}-3 \to 0$

不能直接使用商的极限运算法则,但可采用分母有理化消去分母中趋向于零的因子.

$$\lim_{x \to 4} \frac{x-4}{\sqrt{x+5}-3} = \lim_{x \to 4} \frac{(x-4)(\sqrt{x+5}+3)}{(\sqrt{x+5}-3)(\sqrt{x+5}+3)}$$

$$= \lim_{x \to 4} \frac{(x-4)(\sqrt{x+5}+3)}{x-4}$$

$$= \lim_{x \to 4}(\sqrt{x+5}+3)$$

$$= 6$$

练习题 2.3

求下列极限:

(1) $\lim\limits_{x \to 1} \dfrac{x^2-2x+1}{x^2-1}$

(2) $\lim\limits_{x \to \infty}\left(2-\dfrac{1}{x}+\dfrac{1}{x^2}\right)$

(3) $\lim\limits_{x \to 4} \dfrac{x^2-6x+8}{x^2-5x+4}$

(4) $\lim\limits_{x \to 0} \dfrac{4x^3-2x^2+x}{3x^2+2x}$

(5) $\lim\limits_{h \to 0} \dfrac{(x+h)^2-x^2}{h}$

(6) $\lim\limits_{x \to \infty}\left(1+\dfrac{1}{x}\right)\left(2-\dfrac{1}{x^2}\right)$

(7) $\lim\limits_{x \to 0} x^2 \sin\dfrac{1}{x}$

§2.4 两个重要极限

1. $\lim\limits_{x\to 0}\dfrac{\sin x}{x}=1$

例 5 求 $\lim\limits_{x\to 0}\dfrac{\tan x}{x}$.

解: $\lim\limits_{x\to 0}\dfrac{\tan x}{x}=\lim\limits_{x\to 0}\dfrac{\sin x}{x}\cdot\dfrac{1}{\cos x}$

$\qquad =\lim\limits_{x\to 0}\dfrac{\sin x}{x}\cdot\lim\limits_{x\to 0}\dfrac{1}{\cos x}=1$

例 6 求 $\lim\limits_{x\to 0}\dfrac{\sin 3x}{x}$.

解: $\lim\limits_{x\to 0}\dfrac{\sin 3x}{x}=\lim\limits_{x\to 0} 3\cdot\dfrac{\sin 3x}{3x}$

$\qquad\xlongequal{\text{令}\ 3x=t} 3\lim\limits_{t\to 0}\dfrac{\sin t}{t}=3$

例 7 求 $\lim\limits_{x\to 0}\dfrac{1-\cos x}{x^2}$.

解: $\lim\limits_{x\to 0}\dfrac{1-\cos x}{x^2}=\lim\limits_{x\to 0}\dfrac{2\sin^2\dfrac{x}{2}}{x^2}=\dfrac{1}{2}\lim\limits_{x\to 0}\dfrac{\sin^2\dfrac{x}{2}}{\left(\dfrac{x}{2}\right)^2}$

$\qquad =\dfrac{1}{2}\lim\limits_{x\to 0}\left(\dfrac{\sin\dfrac{x}{2}}{\dfrac{x}{2}}\right)=\dfrac{1}{2}\cdot 1^2=\dfrac{1}{2}$

2. $\lim\limits_{x\to\infty}\left(1+\dfrac{1}{x}\right)^x=e$

例 8 求 $\lim\limits_{x\to\infty}\left(1+\dfrac{1}{x}\right)^{x+3}$.

解: $\lim\limits_{x\to\infty}\left(1+\dfrac{1}{x}\right)^{x+3}=\lim\limits_{x\to\infty}\left[\left(1+\dfrac{1}{x}\right)^x\left(1+\dfrac{1}{x}\right)^3\right]$

$$=\lim_{x\to\infty}\left(1+\frac{1}{x}\right)^x \cdot \lim_{x\to\infty}\left(1+\frac{1}{x}\right)^3$$

$$=e \cdot 1=e$$

例 9 求 $\lim\limits_{x\to\infty}\left(1-\frac{1}{x}\right)^x$.

解: $\lim\limits_{x\to\infty}\left(1-\frac{1}{x}\right)^x = \lim\limits_{x\to\infty}\left(1+\frac{1}{-x}\right)^x$

$$=\lim_{x\to\infty}\left[\left(1+\frac{1}{-x}\right)^{-x}\right]^{-1}$$

$$=e^{-1}=\frac{1}{e}$$

例 10 求 $\lim\limits_{x\to 0}(1-2x)^{\frac{1}{x}}$.

解: $\lim\limits_{x\to 0}(1-2x)^{\frac{1}{x}} = \lim\limits_{x\to 0}\left[(1-2x)^{-\frac{1}{2x}}\right]^{-2}$

$$=\left[\lim_{x\to 0}(1-2x)^{-\frac{1}{2x}}\right]^{-2}$$

$$=e^{-2}$$

例 11 求 $\lim\limits_{x\to\infty}\left(\frac{3+x}{2+x}\right)^{2x}$.

解: $\lim\limits_{x\to\infty}\left(\frac{3+x}{2+x}\right)^{2x} = \lim\limits_{x\to\infty}\left[\left(1+\frac{1}{2+x}\right)^x\right]^2$

$$=\lim_{x\to\infty}\left[\left(1+\frac{1}{2+x}\right)^{2+x}\right]^2 \cdot \left(1+\frac{1}{2+x}\right)^{-4}$$

$$=\lim_{x\to\infty}\left[\left(1+\frac{1}{2+x}\right)^{2+x}\right]^2 \cdot \lim_{x\to\infty}\left(1+\frac{1}{2+x}\right)^{-4}$$

$$=e^2$$

练习题 2.4

求下列极限:

(1) $\lim\limits_{x\to 0}\dfrac{\sin 2x}{\tan x}$ (2) $\lim\dfrac{\sin 5x}{\sin 7x}$

(3) $\lim\limits_{x\to\infty}\left(1+\dfrac{1}{x}\right)^{5x}$ (4) $\lim\limits_{x\to 0}(1-x)^{\frac{3}{x}}$

第二章 复习题

一、选择题

1. $\lim\limits_{x\to\infty}\dfrac{x+\sin x}{x}=$ (   ).

A. 0   B. 1

C. 不存在   D. ∞

2. 下列各式不正确的是 (   ).

A. $\lim\limits_{x\to 0}e^{\frac{1}{x}}=\infty$ B. $\lim\limits_{x\to 0^-}e^{\frac{1}{x}}=0$

C. $\lim\limits_{x\to 0^+}e^{\frac{1}{x}}=+\infty$ D. $\lim\limits_{x\to\infty}e^{\frac{1}{x}}=1$

3. 下列各式正确的是 (   ).

A. $\lim\limits_{x\to\infty}(1+x)^{\frac{1}{x}}=e$ B. $\lim\limits_{x\to 0}(1+x)^x=e$

C. $\lim\limits_{x\to\infty}\left(1+\dfrac{1}{x}\right)^x=e$ D. $\lim\limits_{x\to\infty}\left(1+\dfrac{1}{x}\right)^{\frac{1}{x}}=e$

4. 当 $x\to 0^+$ 时，下列函数中 (   ) 为无穷小量.

A. $x\sin\dfrac{1}{x}$ B. $e^{\frac{1}{x}}$

C. $\ln x$ D. $\dfrac{1}{x}\sin x$

二、判断题

1. 非常小的数是无穷小.   (   )

2. 零是无穷小.   (   )

3. 无穷小是一个函数.   (   )

4. 两个无穷小的商是无穷小.   (   )

5. 两个无穷大的和一定是无穷大. （　　）

三、用观察的方法判断下列数列极限是否存在(或数列是否收敛).

(1) $10, 10, 10, 10, \cdots$

(2) $\dfrac{3}{2}, \dfrac{4}{3}, \dfrac{5}{4}, \dfrac{6}{5}, \cdots$

(3) $0.9, 0.99, 0.999, 0.9999, \cdots$

(4) $1, \dfrac{3}{2}, \dfrac{1}{3}, \dfrac{5}{4}, \dfrac{1}{5}, \dfrac{7}{6}, \cdots$

(5) $0, \dfrac{1}{2}, 0, \dfrac{1}{4}, 0, \dfrac{1}{6}, 0, \dfrac{1}{8}, \cdots$

四、下列变量在给定的变化过程中哪些是无穷小量？哪些是无穷大量？

(1) $2^{-x}-1 \ (x \to 0)$

(2) $\dfrac{1}{x+1} \ (x \to -1)$

(3) $\ln x \ (x \to 1)$

(4) $e^{\frac{1}{x}} \ (x \to 0^{-})$

五、计算题

1. $\lim\limits_{x \to \infty} \dfrac{x^3-3x+2}{x^4-x^2+3}$

2. $\lim\limits_{x \to 0} \dfrac{x^2}{\sin^2\left(\dfrac{x}{3}\right)}$

3. $\lim\limits_{x \to 0}(1+3\tan^2 x)^{\cot^2 x}$

数学史话

风骨超常伦——伽利略

　　伽利略（Galileo Galilei，1564-1642）于1542年生于意大利的比萨，1581年进入比萨大学攻读医学。他是世界著名的数学家、天文学家、物理学家，对现代科学思想的发展作出重大贡献。他是最早用望远镜观察天体的天文学家，曾用大量的事实证明地球环绕太阳旋转，否定地心说。由于他最先把科学实验和数学分析方法相结合，并用来研究惯性运动和落体运动规律，而被认为是现代力学和实验物理的创始人。

　　1583年，他发现教堂吊灯摆动的周期性，后来经过证实，并提出摆动原理。1585年，他到佛罗伦萨学院任教。1586年发表他发明的比重计，因此而闻名于意大利。1587年写出关于固体重心的论文，因此而出任比萨大学的数学讲师。从此他开始研究运动理论，首先推翻亚里士多德关于不同重量的物体以不同速度下落的论点。1592年他到帕多瓦任数学讲座，在那里工作18年，完成了大量杰出的工作。他试图从理论上证明等加速度运动定律，并提出抛物体沿抛物线运动的定律。他利用自制的望远镜观察天体。1609—1610年间，他宣布了一系列的发现：月球表面不规则；银河系由大量恒星组成；木星的卫星；

土星光环和太阳黑子等。

1632年，伽利略发表《关于托勒密和哥白尼两大世界体系的对话》，大力支持和阐释哥白尼的地动说，因此而受到教会的痛恨。1633年罗马教廷宗教裁判所对他进行了审判，并处以八年软禁。他虽被监禁而继续从事研究，次年完成《关于两门新科学的谈话和数学证明》一书，扼要地讲述了他的早期实验成果和对力学原理的思考。他坚持"自然科学书籍要用数学来写"的观点。他的著作当时在欧洲被认为是文学和哲学的杰作。

伽利略在科学史上具有不朽的地位，他的贡献是划时代的，具有永久的意义。首先，他认识到数学的核心意义，用数学公式去表达物理定律，把天上和地上的现象统一到一个理论之下。其次，他是近代力学的创始者。再者，他用望远镜观察天体，是人类走向宇宙的第一步。

第三章 连续函数

自然界中的许多现象,如气温的变化,河水的流动,植物的生长等,都是连续地变化着的,这些现象在函数关系上的反映就是函数的连续性.例如:就气温的变化来看,当时间变动微小时,气温的变化也很微小,这种特点就是所谓的连续性.下面我们引入增量的概念,然后用增量来描述连续性,并引出函数连续性的定义.

§3.1 连续函数

一、连续函数的概念

定义 1 如果变量 u 从它的初值 u_0 变到终值 u_1,则终值与初值之差 u_1-u_0 就叫做变量 u 的**增量**,又叫做**改变量**,记作 Δu,即

$$\Delta u = u_1 - u_0$$

增量可以是正的,也可以是负的,也可以是零.当 $u_1 > u_0$ 时,Δu 是正的;而当 $u_1 < u_0$ 时,Δu 是负的.

注意 Δu 是一个完整的记号,不能看作是符号 Δ 和变量 u 的乘积,这里变量 u 可以是自变量 x,也可以是函数 y. 如果是 x,则称 $\Delta x = x_1 - x_0$ 为自变量的改变量;如果是 y,则称 $\Delta y = y_1 - y_0$ 为函数的改变量. 有时为了方便,自变量 x 与函数 y 获得的终值不写成 x_1 和 y_1,而直接写成 $x_0 + \Delta x$ 和 $y_0 + \Delta y$.

如果函数 $y = f(x)$ 在 x_0 的某个邻域内有定义,当自变量 x 在 x_0 处有一改变量 Δx 时,函数 y 的相应改变量则为

$$\Delta y = f(x_0 + \Delta x) - f(x_0)$$

其几何意义如图所示.

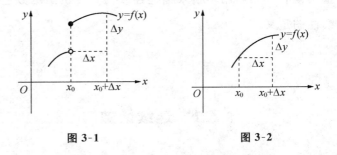

图 3-1　　　　　　图 3-2

函数 $y = f(x)$ 在 x_0 连续,表现在图形上指曲线 $y = f(x)$ 在 $x = x_0$ 邻近是不间断的,如图 3-1 所示. 而图 3-2 所示的曲线则明显不同,容易看到,曲线在 x_0 点是断开的. 那么,如何用数学语言来描述这种不同呢?

对比两个图形,我们发现,在图 3-1 所示图形中,当自变量 x 的改变量 $\Delta x \to 0$ 时,函数的相应改变量 Δy 的绝对值可以无限变小;在图 3-2 中,我们观察到:当 $\Delta x > 0$(即 x 在 x_0 的右侧),函数值有一

个突然的改变，显然当 $\Delta x \to 0$ 时，Δy 的绝对值不能够无限变小. 于是，我们可以用增量来定义函数的连续性.

定义 2 假设 $y=f(x)$ 在点 x_0 处的某个邻域内有定义. 如果自变量的改变量 Δx 趋于零时，相应的函数的改变量 Δy 也趋于零，即

$$\lim_{\Delta x \to 0} \Delta y = \lim_{\Delta x \to 0} [f(x_0+\Delta x)-f(x_0)] = 0$$

则称函数 $f(x)$ 在点 x_0 处**连续**.

令 $x_0+\Delta x = x$，则当 $\Delta x \to 0$ 时，$x \to x_0$，定义中的表达式可记为

$$\lim_{\Delta x \to 0} \Delta y = \lim_{\Delta x \to 0} [f(x_0+\Delta x)-f(x_0)]$$
$$= \lim_{x \to x_0} [f(x)-f(x_0)] = 0$$

即

$$\lim_{x \to x_0} f(x) = f(x_0)$$

因此，函数 $y=f(x)$ 在点 x_0 处连续的定义又可以叙述为：

定义 3 如果函数 $y=f(x)$ 在点 x_0 处的某个邻域内有定义，且

$$\lim_{x \to x_0} f(x) = f(x_0)$$

则称函数 $f(x)$ 在点 x_0 处**连续**.

若函数 $y=f(x)$ 在点 x_0 处有

$$\lim_{x \to x_0^-} f(x) = f(x_0) \text{ 或 } \lim_{x \to x_0^+} f(x) = f(x_0)$$

则分别称 $y=f(x)$ 在点 x_0 处是**左连续**或**右连续**. 由此可知，函数 $y=f(x)$ 在点 x_0 处连续的充要条件是函数在 x_0 处左、右连续.

下面我们给出函数在区间上连续的定义.

若函数 $y=f(x)$ 在开区间 (a,b) 内的各点均连续，则称 $f(x)$ 在开区间 (a,b) 内连续；若函数

笔记区

$y=f(x)$ 在开区间 (a,b) 内连续,在 $x=a$ 处右连续且在 $x=b$ 处左连续,则称 $f(x)$ 在闭区间 $[a,b]$ 内连续.

二、间断点及其分类

由函数 $f(x)$ 在点 x_0 处连续的定义,可知函数 $f(x)$ 在点 x_0 处连续,必须同时满足下列三个条件:

(1) 函数 $f(x)$ 在 x_0 处有定义;

(2) $\lim\limits_{x \to x_0} f(x)$ 存在;

(3) $\lim\limits_{x \to x_0} f(x) = f(x_0)$.

如果上述三个条件至少有一个不满足,就有函数 $f(x)$ 在 x_0 点不连续,则点 x_0 就是函数的间断点.

1. 第一类间断点

例1 讨论函数符号函数 $f(x)=\text{sgn}x=\begin{cases} 1, & x>0 \\ 0, & x=0 \\ -1, & x<0 \end{cases}$

在 $x=0$ 点是否连续?

解 因为

$$\lim_{x \to 0^-} f(x) = \lim_{x \to 0^-}(-1) = -1,$$

$$\lim_{x \to 0^+} f(x) = \lim_{x \to 0^+} 1 = 1,$$

因 $\lim\limits_{x \to 0^-} f(x) \neq \lim\limits_{x \to 0^+} f(x)$,所以 $x=0$ 是 $y=f(x)$ 的间断点,(如图 3-3).像这样左右极限都存在但不相等的间断点,因为在它的图形上总有个跳跃,所以称为**跳跃间断点**.

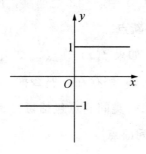

图 3-3

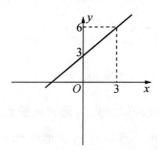

图 3-4

例 2 讨论函数 $f(x)=\begin{cases} \dfrac{x^2-9}{x-3} & x\neq 3 \\ 1 & x=3 \end{cases}$ 的连续性.

解：当 $x\neq 3$ 时，

$$\lim_{x\to x_0}f(x)=\lim_{x\to x_0}(x+3)=x_0+3=f(x_0),$$

故当 $x\neq 3$ 时函数 $f(x)$ 连续.

当 $x=3$ 时，

$$\lim_{x\to 3}f(x)=\lim_{x\to 3}\dfrac{x^2-9}{x-3}=\lim_{x\to 3}(x+3)=6,$$

但 $f(3)=1$，所以 $\lim\limits_{x\to 3}f(x)\neq f(3)$，因此，点 $x=3$ 是函数 $f(x)$ 的间断点（如图 3-4）. 但如果重新定义

$f(3)=6$ 时，$f(x)$ 在 $x=3$ 处连续，所以点 $x=3$ 为 $f(x)$ 的**可去间断点**.

综上所述，如果 $f(x)$ 在点 x_0 的左极限 $f(x_0-0)$ 及右极限 $f(x_0+0)$ 都存在，那么称 x_0 是 $f(x)$ 的**第一类间断点**. 第一类间断点包括可去、跳跃间断点.

2. 第二类间断点

例 3 讨论函数 $y=\tan x$ 在 $x=\dfrac{\pi}{2}$ 处的连续性.

解：函数 $y=\tan x$ 在 $x=\dfrac{\pi}{2}$ 处没有定义，所以点 $x=\dfrac{\pi}{2}$ 是函数 $y=\tan x$ 的间断点，因

$$\lim_{x\to\frac{\pi}{2}}\tan x=\infty,$$

所以，称这种间断点为**无穷间断点**.

除第一类间断点以外的其他间断点都称为 $f(x)$ 的**第二类间断点**. 因此，无穷间断点是第二类间断点.

练习题 3.1

1. 讨论函数 $f(x)=\begin{cases} x^2\sin\dfrac{1}{x}, & x\neq 0 \\ 0, & x=0 \end{cases}$ 在 $x=0$ 处的连续性.

2. 判断下列函数的指定点所属的间断点类型.

   (1) $y=\dfrac{1}{(x+2)^2}$，$x=-2$

   (2) $y=\dfrac{x^2-1}{x^2-3x+2}$，$x=1$

3. 在下列函数中，a 取什么值时函数连续？

(1) $f(x)=\begin{cases}\dfrac{1}{(x+2)^2}, & x\neq 4\\ a, & x=4\end{cases}$

(2) $f(x)=\begin{cases}e^x, & x<0\\ a+x, & x\geqslant 0\end{cases}$

§3.2　连续函数的性质

一、连续函数的局部性质

根据极限四则运算定理及函数连续的定义，可得连续函数的四则运算定理.

定理 1　若函数 $f(x)$ 与 $g(x)$ 都在点 a 连续，则它们的和、差、积、商函数

$$f(x)\pm g(x),\ f(x)\cdot g(x),\ \frac{f(x)}{g(x)}\ (g(a)\neq 0)$$

也在 a 连续.

二、闭区间连续函数的整体性质

闭区间的连续函数有几个理想的整体性质，这些性质的几何意义都十分明显. 它们的证明要用到实数的连续性. 将它们的证明放在第四章.

定理 2 (有界性)　若函数 $f(x)$ 在闭区间 $[a,b]$ 内连续，则函数 $f(x)$ 在闭区间 $[a,b]$ 有界，即 $\exists M>0$，$\forall x\in[a,b]$，有

$$|f(x)|\leqslant M.$$

一般来说,开区间(或半开区间)的连续函数不一定有界. 例如,在半开区间(0,1],连续函数 $f(x)=\dfrac{1}{x}$ 无界.

定理 3(最值性)　若函数 $f(x)$ 在闭区间 $[a,b]$ 内连续,则函数 $f(x)$ 在闭区间 $[a,b]$ 能取到最小值 m 与最大值 M,即 $\exists x_1,x_2\in[a,b]$,使
$$f(x_1)=m \text{ 与 } f(x_2)=M,$$
且 $\forall x\in[a,b]$,有
$$m\leqslant f(x)\leqslant M.$$

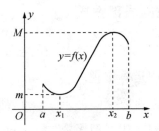

图 3-5

一般来说,开区间连续函数可能取不到最大值或最小值,例如,函数 $f(x)=x$ 在闭区间 $[a,b]$ 内连续,在开区间 (a,b) 既取不到最大值,也取不到最小值.

定理 4(零点定理)　若函数 $f(x)$ 在闭区间 $[a,b]$ 内连续,且 $f(a)\cdot f(b)<0$(即 $f(a)$ 与 $f(b)$ 异号),则在区间 (a,b) 内至少存在一点 c,使
$$f(c)=0.$$

定理 5(介值性)　若函数 $f(x)$ 在闭区间 $[a,b]$ 内连续,m 与 M 分别是函数 $f(x)$ 在闭区间 $[a,b]$

的最小值与最大值，ξ 是 m 与 M 之间的任意数（即 $m \leqslant \xi \leqslant M$），则在闭区间 $[a, b]$ 至少存在一点 c，使得

$$f(c) = \xi.$$

例1 证明：超越方程 $x = \cos x$ 在 $\left(0, \dfrac{\pi}{2}\right)$ 内至少存在一个实根.

证明：已知函数 $\varphi(x) = x - \cos x$ 在 $\left[0, \dfrac{\pi}{2}\right]$ 连续，并且

$$\varphi(0) = -1 < 0 \ \ \text{与}\ \ \varphi\left(\dfrac{\pi}{2}\right) = \dfrac{\pi}{2} > 0$$

根据零点定理，函数 $\varphi(x)$ 在 $\left(0, \dfrac{\pi}{2}\right)$ 内至少存在一点 c，使

$$\varphi(c) = c - \cos c = 0$$

即超越方程 $x = \cos x$ 在 $\left(0, \dfrac{\pi}{2}\right)$ 内至少存在一个实根.

三、反函数与复合函数的连续性

关于反函数的连续性，我们有下述定理.

定理6(反函数的连续性) 如果函数 $y = f(x)$ 在某区间内单调增加（或减少）且连续，则它的反函数也在对应的区间内单调增加（或减少）且连续.

定理7(复合函数的连续性) 设函数 $u = \varphi(x)$ 在 $x = x_0$ 点连续，且 $\varphi(x_0) = u_0$，而函数 $y = f(u)$ 在 $u = u_0$ 点连续，则复合函数 $y = f[\varphi(x)]$ 在 $x = x_0$ 点连续.

利用连续函数的定义及连续函数的性质可以证明：

所有基本初等函数在它的定义域内都是连续的.

例2 证明 $\lim\limits_{x \to 0} \dfrac{\ln(1+x)}{x} = 1$.

证明: $\lim\limits_{x \to 0} \dfrac{\ln(1+x)}{x} = \lim\limits_{x \to 0} \ln(1+x)^{\frac{1}{x}}$

$= \ln\left[\lim\limits_{x \to 0}(1+x)^{\frac{1}{x}}\right] = \ln e = 1.$

四、初等函数的连续性

由于初等函数是由基本初等函数和常数经过有限次的四则运算即有限次的复合所构成的,因此由基本初等函数的连续性,根据连续函数的运算法则可知,有下列结论:

任何初等函数在它的定义区间内都是连续的. 所谓定义区间,就是包含在定义域内的区间.

根据函数 $f(x)$ 在 x_0 点连续的定义可知,如果已知 $f(x)$ 在 x_0 点连续,那么求 $f(x)$ 当 $x \to x_0$ 的极限时,只要求 $f(x)$ 在 x_0 点的函数值就行了.

例3 求 $\lim\limits_{x \to 0} \dfrac{\sqrt{1+x^2}-1}{x}$.

解: $\lim\limits_{x \to 0} \dfrac{\sqrt{1+x^2}-1}{x}$

$= \lim\limits_{x \to 0} \dfrac{(\sqrt{1+x^2}-1)(\sqrt{1+x^2}+1)}{x(\sqrt{1+x^2}+1)}$

$= \lim\limits_{x \to 0} \dfrac{x}{\sqrt{1+x^2}+1} = 0.$

例4 求函数 $f(x) = \begin{cases} \dfrac{1}{x-1}, & 0 \leqslant x < 2, \ x \neq 1 \\ x^2, & -1 < x < 0 \end{cases}$

的连续区间.

解：当 $-1<x<0$ 时，$f(x)=x^2$ 是连续的．又当 $0<x<1$ 及 $1<x<2$ 时，$f(x)=\dfrac{1}{x-1}$ 是连续的．而 $f(x)$ 在 $x=1$ 点无定义，所以 $x=1$ 是 $f(x)$ 的间断点．

$$\lim_{x\to 0^-}f(x)=\lim_{x\to 0^-}x^2=0,\ \lim_{x\to 0^+}f(x)=\lim_{x\to 0^+}\dfrac{1}{x-1}=-1,$$

即左、右极限存在但不相等，所以 $x=0$ 是 $f(x)$ 的间断点．

综上所述，函数 $f(x)$ 的连续区间为
$$(-1,0)\cup(0,1)\cup(1,2).$$

练习题 3.2

1. 求下列函数的连续区间，并求极限：

(1) $f(x)=\lg(2-x)$，并求 $\lim\limits_{x\to -8}f(x)$；

(2) $f(x)=\sqrt{x-4}+\sqrt{6-x}$，并求 $\lim\limits_{x\to 5}f(x)$．

2. 设
$$f(x)=\begin{cases} x-1, & 0<x\leqslant 1 \\ 2-x, & 1<x\leqslant 3 \end{cases}$$

(1) 求 $f(x)$ 当 $x\to 1$ 时的左、右极限．当 $x\to 1$ 时，$f(x)$ 的极限存在吗？

(2) $f(x)$ 在 $x=1$ 点连续吗？

(3) 求函数的连续区间．

(4) 求 $\lim\limits_{x\to 2}f(x)$ 和 $\lim\limits_{x\to \frac{1}{2}}f(x)$．

3. 求下列极限：

笔记区

(1) $\lim\limits_{x\to 0}\ln\dfrac{\sin x}{x}$

(2) $\lim\limits_{a\to\frac{\pi}{4}}(\sin 2a)^3$

(3) $\lim\limits_{x\to -\infty}(e^x+\arctan x)$

(4) $\lim\limits_{x\to 1}\dfrac{\sqrt{5x-4}-\sqrt{x}}{x-1}$

(5) $\lim\limits_{x\to 0}\sqrt{x^2-2x+5}$

4. 讨论 $f(x)=\begin{cases} e^{\frac{1}{x}}, & \text{当 } x<0 \\ 0, & \text{当 } x=0 \\ \dfrac{\sqrt{1+x^2}-1}{x}, & \text{当 } x>0 \end{cases}$

在 $x=0$ 点的连续性.

5. 证明方程 $x^2-3x=1$ 至少有一个根介于 1 和 2 之间.

第三章 复习题

1. 若 $\lim\limits_{x\to a}f(x)=k$, 且 $f(x)$ 在 $x=a$ 处无定义, 则点 $x=a$ 必是 $f(x)$ 的 ( ).

A. 第一类间断点 B. 第二类间断点
C. 连续点

2. $f(x)=\begin{cases} \dfrac{1}{x}\sin 3x, & x\neq 0 \\ a, & x=0 \end{cases}$, 若使 $f(x)$ 在 $(-\infty,+\infty)$ 内连续, 则 $a=$ ( ).

A. 0   B. 1   C. $\dfrac{1}{3}$ D. 3

3. $f(x)=\begin{cases} x, & 0<x<1 \\ 2, & x=1 \\ 2-x, & 1<x\leqslant 2 \end{cases}$ 的连续区间为 ( ).

A. $[0, 2]$ B. $(0, 2)$

C. $[0, 1) \cup (1, 2]$ D. $(0, 1) \cup (1, 2]$

4. 求下列函数 $y=f(x)$ 的间断点，并说明这些间断点是属于哪一类，如果是可去间断点，则补充函数的定义使它连续：

(1) $y=\dfrac{1}{(x+2)^2}$；   (2) $y=x\cos\dfrac{1}{x}$

5. 证明：若 $f(x)=\begin{cases} e^x, & x<0 \\ 2+x, & x\geqslant 0 \end{cases}$ 求证 $\lim\limits_{x\to 0}f(x)$ 不存在.

6. 证明曲线 $y=x^4-3x^2+7x-10$ 在 $x=1$ 与 $x=2$ 之间至少与 x 轴有一个交点.

7. 求下列函数极限：

(1) $\lim\limits_{x\to\frac{\pi}{4}}\dfrac{\sin x-\cos x}{\cos 2x}$ (2) $\lim\limits_{x\to\infty}e^{\frac{1}{x}}$

(3) $\lim\limits_{x\to 0}\ln\dfrac{\sin x}{x}$ (4) $\lim\limits_{x\to 0}\dfrac{\ln(1+x)}{x}$

数学史话

性灵出万象——达·芬奇

达·芬奇（Leonardo da Vinci，1452-1519）或许是古往今来最富有创造力的天才。但创造力成全了他，也拖累了他。他兴趣广泛，思想活跃。结果，他的计划往往未能全始全终。

达·芬奇1452年4月15日生于意大利多斯卡纳德芬奇镇或其附近。他是私生子，在父亲家中长大。他天资颖悟，长于数学和音乐，但在绘画上显露了更高的才华。他的父亲把他送到当时享有盛誉的维洛基欧画室学画。达·芬奇大约18岁时，维洛基欧受委托为佛罗伦萨附近的一所教堂绘制祭坛画《基督受洗礼》。达·芬奇描绘了其中一个天使，因其形神兼备、秀丽优雅，竟使他的老师耻于不及弟子而放弃绘画，专事雕刻。

1482—1499年是达·芬奇的第一米兰时期，是他在科学研究和艺术创作上成熟和走向繁荣的时期。这个时期，他创作了一生中最伟大的两件作品，一件是大型骑马雕像，一件是为葛拉吉埃修道院的餐室画的大型壁画《最后的晚餐》（1495—1497）。把泥塑翻筑成青铜雕像本来可以造就不朽的业绩，但达·芬奇却无缘一试，由于法国人的入侵，青铜变成了大炮。

达·芬奇完成了《最后的晚餐》,但他采用了一种试验性技法,令人遗憾的是,油画在他生前就开始剥落,这使得这幅作品成为艺术史上最卓越又最令人痛惜的遗迹。这个时期,他还绘制了另一幅著名的祭坛画《岩下圣母》。

1490—1495 年,他开始艺术与科学论文的写作。他主要研究了四方面的内容:绘画、建筑、机械学和人体解剖学。他对地球物理学、植物学和气象学的研究也始于这一阶段。他的研究论文中都附有大量的插图。

1502 年,他以"高级军事建筑师和一般工程师"的身份为教皇军队的指挥官博尔贾测量土地,为此画了一些城市规划的速写和地形图,为近代制图学的创立打下了基础。

1503 年,他为佛罗伦萨韦基奥会议厅制作大型壁画《安加利之战》,而在会议厅对面的壁上则是由米开朗琪罗绘制《卡西纳之战》,可谓双壁交辉。可惜,达·芬奇的作品最后只留下了草图。但这幅画的战斗场面的描绘成为一种"世界性"风格,对以后战争题材的绘画产生了深远的影响。著名的《蒙娜·丽莎》和只留下草图的《丽达》都创作于这一时期。这段时期他还进行了紧张的科学研究,到医院研究人体解剖,对鸟类的飞行做系统的观察,甚至对水文学也进行了研究。

这一时期他继续画从佛罗伦萨带来的《圣安娜》和《丽达》,并和他的学生一道画了第二幅《岩下圣母》。在他一生的最后三年中,他很少作画,主要是整理他的科学研究的手稿。1519年5月2日，他谢世于法国安布瓦斯的克鲁园。一生留下的绘画只有17幅，其中还有一些是未完成的草图，他这些作品都获得了崇高的地位，成为世界文化宝库中的珍品，受到历代艺术大师的推崇。

　　他的《最后的晚餐》具有纪念碑式的宏伟结构，场面的安排简洁、紧凑，突破了表现这一题材的传统手法，是世界最伟大的作品之一。《岩下圣母》则体现了艺术的另一个侧面。画面是一个梦幻的境地，色调柔和，淡淡的光线把人物和背景拉开，气氛安详宁静，体现出基督和人的和谐关系。此外，《蒙娜·丽莎》、《丽达》、《岩下圣母》等作品都成为历史上的理想典型。

第四章　导数与微分

　　数学中研究导数、微分及其应用的部分称为**微分学**，研究不定积分、定积分及其应用的部分称为**积分学**．微分学与积分学统称为**微积分学**．

　　微积分是高等数学最基本、最重要的组成部分，是现代数学许多分支的基础，是人类认识客观世界，探索宇宙奥秘乃至人类自身的典型数学模型之一．

　　恩格斯曾指出："在一切理论成就中，未必再有什么像 17 世纪下半时微积分的发明那样被看作人类精神的最高胜利了．"微积分的发展历史曲折跌宕，撼人心灵，是培养人类正确世界观、科学方法和对人们进行文化熏陶的记号素材．

　　积分的雏形可追溯到古希腊和我国魏晋时期，但微分概念直至 16 世纪才应运萌生．本章及下一章将介绍一元函数微分学及其应用的内容．

§4.1　导数的概念

一、两个实例

1. 变速直线运动的速度

　　一质点作变速直线运动，在时间 $[0, t]$ 内走过

的路程为 $s=s(t)$，求质点在 t_0 时刻的瞬时速度.

在时间 $[0, t_0]$ 内质点走过的路程是 $s(t_0)$，在时间 $[0, t_0+\Delta t]$ 内质点走过的路程是 $s(t_0+\Delta t)$. 因此，在 Δt 时间内，质点走过的路程为

$$\Delta s = s(t_0+\Delta t),$$

如果质点作匀速直线运动，它的速度为

$$v = \frac{\Delta s}{\Delta t}.$$

如果质点作变速直线运动，那么在运动的不同时间间隔内，上述比值会不同，这种变速直线运动的质点在某一时刻 t_0 的瞬时速度应如何求呢？

首先可以求质点在 $[t_0, t_0+\Delta t]$ 这段时间内的平均速度 $\bar{v}$，

$$\bar{v} = \frac{\Delta s}{\Delta t} = \frac{s(t_0+\Delta t)-s(t_0)}{\Delta t},$$

当 Δt 很小时，$\bar{v}$ 可作为质点在 t_0 时刻的瞬时速度的近似值. Δt 越小，这个平均速度就越接近于 t_0 点的瞬时速度，令 $\Delta t \to 0$，平均速度的极限就是瞬时速度 $v(t_0)$，

$$v(t_0) = \lim_{\Delta t \to 0} \frac{s(t_0+\Delta t)-s(t_0)}{\Delta t}.$$

2. 切线问题

设曲线方程为 $y=f(x)$，在曲线 $y=f(x)$ 上任取一点 $M(x_0, f(x_0))$，在曲线上另取一点 $N(x_0+\Delta x, f(x_0+\Delta x))$，连接 M 和 N 得到割线 MN（如图 4-1 所示）. 当点 N 沿曲线趋于点 M 时，如果割线 MN 绕点 M 旋转而趋于极限位置 MT，则直线 MT 就称为曲线在点 M 处的**切线**.

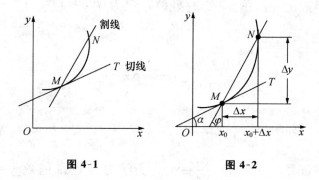

图 4-1　　　　图 4-2

以 φ 表示割线 MN 与 x 轴正方向的夹角，则割线 MN 的斜率为 $\tan\varphi$. 于是有

$$\tan\varphi = \frac{f(x_0+\Delta x)-f(x_0)}{\Delta x}.$$

当点 N 沿曲线趋于点 M 时，割线 MN 趋于它的切线 MT，这时 φ 也趋向于切线 MT 与 x 轴正向的夹角 α，同时也有 $\Delta x \to 0$（图 4-2），因而切线 MT 的斜率为

$$k = \tan\alpha = \lim_{\Delta x \to 0}\frac{\Delta y}{\Delta x} = \lim_{\Delta x \to 0}\frac{f(x_0+\Delta x)-f(x_0)}{\Delta x}.$$

二、导数的概念

定义　设函数 $y=f(x)$ 在 x_0 的某邻域内有定义，当自变量 x 在 x_0 处有改变量 Δx 时，函数 y 相应的有改变量

$$\Delta y = f(x_0+\Delta x) - f(x_0),$$

如果极限

$$\lim_{\Delta x \to 0}\frac{\Delta y}{\Delta x} = \lim_{\Delta x \to 0}\frac{f(x_0+\Delta x)-f(x_0)}{\Delta x}$$

存在，则称函数 $f(x)$ 在 x_0 处可导. 此极限值称为

函数 $f(x)$ 在 x_0 处的**导数**，记为 $f'(x_0)$、$y'\big|_{x=x_0}$、$\dfrac{dy}{dx}\big|_{x=x_0}$ 或 $\dfrac{df(x)}{dx}\big|_{x=x_0}$. 即

$$f'(x_0) = \lim_{\Delta x \to 0} \frac{f(x_0 + \Delta x) - f(x_0)}{\Delta x}.$$

如果 $\lim\limits_{\Delta x \to 0} \dfrac{\Delta y}{\Delta x}$ 不存在，则称函数 $y = f(x)$ 在 x_0 处**不可导**. 如果 $\lim\limits_{\Delta x \to 0} \dfrac{\Delta y}{\Delta x} = \infty$，为了方便也说函数 $y = f(x)$ 在点 x_0 处的**导数为无穷大**.

令 $x_0 + \Delta x = x$，则当 $\Delta x \to 0$ 时，有 $x \to x_0$，因此函数 $y = f(x)$ 在点 x_0 处的导数 $f'(x_0)$ 也可表示为

$$f'(x_0) = \lim_{x \to x_0} \frac{f(x) - f(x_0)}{x - x_0}.$$

根据 $f'(x_0)$ 的定义，$f(x)$ 在 x_0 处可导的充分必要条件是

$$\lim_{h \to 0^-} \frac{f(x_0 + h) - f(x_0)}{h} \text{ 及 } \lim_{h \to 0^+} \frac{f(x_0 + h) - f(x_0)}{h}$$

都存在且相等. 这两个极限分别称为 $f(x)$ 在 x_0 处**左导数**和**右导数**，记作 $f'_-(x_0)$ 及 $f'_+(x_0)$，即

$$f'_-(x_0) = \lim_{h \to 0^-} \frac{f(x_0 + h) - f(x_0)}{h},$$

$$f'_+(x_0) = \lim_{h \to 0^+} \frac{f(x_0 + h) - f(x_0)}{h}.$$

如果函数 $y = f(x)$ 在 (a, b) 内每点处都可导，则称函数 $y = f(x)$ 在**开区间 (a, b) 内可导**. 如果 $y = f(x)$ 在 (a, b) 内可导，且在 a 点处右可导，点 b 处左可导，则称函数 $y = f(x)$ 在**闭区间 $[a, b]$ 上可导**.

如果函数 $y = f(x)$ 在区间 I 中的每一个 x 点可

导（但在闭区间的左端点只须右可导，右端点只须左可导），则对于任一 $x \in I$，都对应着 $f(x)$ 的一个确定的导数值. 这样就构成了一个新的函数，这个函数叫做函数 $y = f(x)$ 的**导函数**，记作

$$f'(x), \quad y', \quad \frac{\mathrm{d}y}{\mathrm{d}x} \text{ 或 } \frac{\mathrm{d}f(x)}{\mathrm{d}x}.$$

即

$$f'(x) = \lim_{\Delta x \to 0} \frac{f(x + \Delta x) - f(x)}{\Delta x},$$

或

$$y' = \lim_{h \to 0} \frac{f(x + h) - f(x)}{h}.$$

显然，函数 $y = f(x)$ 在点 x_0 处的导数 $f'(x_0)$ 就是导函数 $f'(x)$ 在点 x_0 处的函数值，即

$$f'(x_0) = f'(x) \big|_{x = x_0}.$$

今后，在不至于发生混淆的地方，我们把导函数也简称为**导数**.

三、导数的几何意义

实例2给出了**导数的几何意义**：函数 $f(x)$ 在点 x_0 处的导数 $f'(x_0)$ 是曲线 $y = f(x)$ 在相应点 $M_0(x_0, f(x_0))$ 处切线的斜率，即 $f'(x_0) = \tan\alpha$. （如图 4-3 所示）

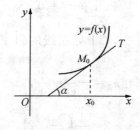

图 4-3

如果 $f(x)$ 在 x_0 处连续,且其导数为无穷大,这是曲线在 M_0 点切线的倾角 $\alpha=\dfrac{\pi}{2}$,因而曲线在 M_0 点有与 x 轴垂直的切线.

根据导数的几何意义,可知曲线 $y=f(x)$ 在点 $M_0(x_0,f(x_0))$ 处的切线方程为

$$y-f(x_0)=f'(x_0)(x-x_0).$$

过切点 $M_0(x_0,f(x_0))$ 且与切线垂直的直线叫做曲线 $y=f(x)$ 在 M_0 点处的法线. 如果 $f'(x_0)\neq 0$,法线的斜率为 $-\dfrac{1}{f'(x_0)}$,从而法线方程为

$$y-f(x_0)=-\dfrac{1}{f'(x_0)}(x-x_0)$$

例 1 求等边双曲线 $y=\dfrac{1}{x}$ 在点 $\left(\dfrac{1}{2},2\right)$ 处切线的斜率,并写出该点处的切线方程和法线方程.

解 $y'=\left(\dfrac{1}{x}\right)'=-\dfrac{1}{x^2}$,于是 $y=\dfrac{1}{x}$ 在点 $\left(\dfrac{1}{2},2\right)$ 处切线的斜率为

$$k_1=y'\Big|_{x=\frac{1}{2}}=-4.$$

切线方程为 $\quad y-2=-4\left(x-\dfrac{1}{2}\right),$

即 $\quad 4x+y-4=0.$

$y=\dfrac{1}{x}$ 在点 $\left(\dfrac{1}{2},2\right)$ 处法线的斜率为

$$k_2=-\dfrac{1}{k_1}=\dfrac{1}{4},$$

法线方程为 $\quad y-2=\dfrac{1}{4}\left(x-\dfrac{1}{2}\right),$

即 $\quad 2x-8y+15=0.$

五、可导与连续的关系

定理 1 若函数 $y=f(x)$ 在点 x_0 处可导,则函数 $y=f(x)$ 在点 x_0 处连续.

证 设 $\lim\limits_{\Delta x\to 0}\dfrac{\Delta y}{\Delta x}=f'(x_0)$ 存在,则

$$\lim_{\Delta x\to 0}\Delta y=\lim_{\Delta x\to 0}\frac{\Delta y}{\Delta x}\cdot \Delta x=f'(x_0)\cdot 0=0$$

因此,函数 $y=f(x)$ 在点 x_0 处连续.

注意 上述定理的逆命题不成立,即一个函数在某一点连续,却不一定在该点可导.

例 2 证明 $f(x)=|x|$ 在 $x=0$ 处不可导.

证 $\Delta y=f(0+\Delta x)-f(0)=|\Delta x|$

当 $\Delta x<0$ 时,$\dfrac{|\Delta x|}{\Delta x}=-1$,故 $\lim\limits_{\Delta x\to 0^-}\dfrac{|\Delta x|}{\Delta x}=-1$;

当 $\Delta x>0$ 时,$\dfrac{|\Delta x|}{\Delta x}=1$,故 $\lim\limits_{\Delta x\to 0^+}\dfrac{|\Delta x|}{\Delta x}=1$,

所以,$\lim\limits_{\Delta x\to 0}\dfrac{f(0+\Delta x)-f(0)}{\Delta x}$ 不存在,即函数 $f(x)=|x|$ 在 $x=0$ 处不可导.

例 3 证明 $y=\sqrt[3]{x}$ 在 $x=0$ 处不可导.

证 $\Delta y=f(0+\Delta x)-f(0)=\sqrt[3]{\Delta x}$,

$$\frac{\Delta y}{\Delta x}=\frac{\sqrt[3]{\Delta x}}{\Delta x}=\frac{1}{(\Delta x)^{2/3}}$$

$$\lim_{\Delta x\to 0}\frac{\Delta y}{\Delta x}=\lim_{\Delta x\to 0}\frac{1}{(\Delta x)^{2/3}}=\infty$$

所以,$y=\sqrt[3]{x}$ 在 $x=0$ 处不可导.

笔记区

练习题 4.1

1. 求下列函数的导数：

(1) $y = x^{1.6}$；　　　(2) $y = \sqrt[3]{x^2}$；

(3) $y = x^3 \sqrt[5]{x^2}$；　　(4) $y = \dfrac{1}{x^2}$.

2. 求下列函数在指定点处的导数：

(1) $f(x) = C$，求 $f'(8)$；

(2) $f(x) = \log_a x$，求 $f'(3)$；

(3) $f(x) = \sin x$，求 $f'\left(\dfrac{\pi}{3}\right)$.

3. 设 $f'(x_0)$ 存在，试利用导数的定义求下列极限：

(1) $\lim\limits_{\Delta x \to 0} \dfrac{f(x_0 - \Delta x) - f(x_0)}{\Delta x}$；

(2) $\lim\limits_{h \to 0} \dfrac{f(x_0 + h) - f(x_0 - h)}{h}$.

4. 给定抛物线 $y = x^2 - x + 2$，求过点 $(1, 2)$ 的切线方程和法线方程.

5. 试讨论函数 $y = \begin{cases} x^2 \sin \dfrac{1}{x}, & x \neq 0 \\ 0, & x = 0 \end{cases}$ 在 $x = 0$ 处的连续性与可导性.

§4.2 基本求导法则

一、四则求导法则

定理 1 设函数 $u=u(x)$ 及 $v=v(x)$ 在点 x 处具有导数 $u'=u'(x)$ 及 $v'=v'(x)$，则 $u\pm v$、uv、$\dfrac{u}{v}$ 在 x 处也可导，且

(1) $(u\pm v)'=u'\pm v'$；

(2) $(uv)'=u'v+uv'$；

(3) $\left(\dfrac{u}{v}\right)'=\dfrac{u'v-uv'}{v^2}$.

例 1 求 $y=x^2-x+8$ 的导数.

解：$y'=(x^2-x+8)'=(x^2)'-(x)'+8'$
$=2x-1+0=2x-1$

例 2 求 $y=\sec x$ 的导数.

解：$y'=(\sec x)'=\left(\dfrac{1}{\cos x}\right)'$

$=\dfrac{(1)'\cos x-1\cdot(\cos x)'}{\cos^2 x}$

$=\dfrac{\sin x}{\cos^2 x}=\sec x\tan x$

即 $(\sec x)'=\sec x\tan x$.

例 3 求 $y=\tan x$ 的导数.

解：$y'=(\tan x)'=\left(\dfrac{\sin x}{\cos x}\right)'$

$=\dfrac{(\sin x)'\cos x-\sin x(\cos x)'}{\cos^2 x}$

$$= \frac{\cos^2 x + \sin^2 x}{\cos^2 x} = \frac{1}{\cos^2 x} = \sec^2 x.$$

即 $(\tan x)' = \dfrac{1}{\cos^2 x} = \sec^2 x.$

用类似的方法还可以求得余切函数及余割函数的导数公式：

$$(\cot x)' = -\frac{1}{\sin^2 x} = -\csc^2 x$$

$$(\csc x)' = -\csc x \cot x$$

由定理 1 容易推得下列推论.

推论 1　如果有限个函数

$u_1 = u_1(x)$，$u_2 = u_2(x)$，$\cdots$，$u_m = u_m(x)$ 均在 x 处可导，则和 $u_1 + u_2 + \cdots + u_m$ 在 x 处可导，且

$$(u_1 + u_2 + \cdots + u_m)' = u_1' + u_2' + \cdots + u_m'$$

推论 2　如果有限个函数

$u_1 = u_1(x)$，$u_2 = u_2(x)$，$\cdots$，$u_m = u_m(x)$ 均在 x 处可导，则积 $u_1 u_2 \cdots u_m$ 在 x 处可导，且

$$(u_1 u_2 \cdots u_m)' = u_1' u_2 \cdots u_m + u_1 u_2' \cdots u_m + \cdots + u_1 u_2 \cdots u_m'.$$

推论 3　如果函数 $u = u(x)$ 在 x 处可导，c 为常数，则 cu 在 x 处可导，且

$$(cu)' = cu'.$$

二、反函数的导数

为了推导基本初等函数导数公式的需要，我们给出函数的导数与其反函数的导数的关系.

定理 2　如果函数 $x = \varphi(y)$ 在某区间 I_y 内单调、可导且 $\varphi'(y) \neq 0$，那么它的反函数 $y = f(x)$ 在对应区间 I_x 内也可导，且有

$$f'(x) = \frac{1}{\varphi'(y)} \text{ 或 } \frac{dy}{dx} = \frac{1}{\frac{dx}{dy}}.$$

例 4　求 $y = \arcsin x$ 的导数.

解：$y = \arcsin x$ 是 $x = \sin y$ 的反函数. 由于函数 $x = \sin y$ 在区间 $\left(-\frac{\pi}{2}, \frac{\pi}{2}\right)$ 内单调、可导，且 $\frac{dx}{dy} = (\sin y)' = \cos y \neq 0$. 由定理 2 知，在对应区间 $(-1, 1)$ 内有

$$(\arcsin x)' = \frac{1}{(\sin y)'} = \frac{1}{\cos y} = \frac{1}{\sqrt{1-\sin^2 y}} = \frac{1}{\sqrt{1-x^2}},$$

（因当 $-\frac{\pi}{2} < y < \frac{\pi}{2}$ 时，$\cos y > 0$，所以根号前只取正号）即

$$(\arcsin x)' = \frac{1}{\sqrt{1-x^2}}.$$

类似地，有 $(\arccos x)' = \frac{-1}{\sqrt{1-x^2}}$.

例 5　求 $y = \arctan x$ 的导数.

解：$y = \arctan x$ 是 $x = \tan y$ 的反函数. 由于函数 $x = \tan y$ 在区间 $\left(-\frac{\pi}{2}, \frac{\pi}{2}\right)$ 内单调、可导，且 $\frac{dx}{dy} = (\tan y)' = \sec^2 y \neq 0$. 由定理 2 知，在对应区间 $(-\infty, +\infty)$ 内有

$$(\arctan x)' = \frac{1}{(\tan y)'} = \frac{1}{\sec^2 y} = \frac{1}{1+\tan^2 y} = \frac{1}{1+x^2}.$$

即

$$(\arctan x)' = \frac{1}{1+x^2}.$$

类似地，有 $(\operatorname{arccot} x)' = \frac{-1}{1+x^2}$.

三、基本求导公式

综合前面的讨论，我们有如下的导数基本公式：

(1) $(C)' = 0$ （C 为常数）；

(2) $(x^\mu)' = \mu x^{\mu-1}$ （μ 为常数）；

(3) $(a^x)' = a^x \ln a$ （$a > 0$，$a \neq 1$）；

(4) $(e^x)' = e^x$；

(5) $(\log_a x)' = \dfrac{1}{x \ln a}$ （$a > 0$，$a \neq 1$）；

(6) $(\ln x)' = \dfrac{1}{x}$；

(7) $(\sin x)' = \cos x$；

(8) $(\cos x)' = -\sin x$；

(9) $(\tan x)' = \sec^2 x$；

(10) $(\cot x)' = -\csc^2 x$；

(11) $(\sec x)' = \sec x \tan x$；

(12) $(\csc x)' = -\csc x \cot x$；

(13) $(\arcsin x)' = \dfrac{1}{\sqrt{1-x^2}}$；

(14) $(\arccos x)' = \dfrac{-1}{\sqrt{1-x^2}}$；

(15) $(\arctan x)' = \dfrac{1}{1+x^2}$；

(16) $(\text{arc}\cot x)' = \dfrac{-1}{1+x^2}$。

例 6 求函数 $y = x^a - a^x + a^a$ （$a > 0$，$a \neq 1$）的导数。

解：$y' = (x^a - a^x + a^a)' = ax^{a-1} - a^x \ln a$。

练习题 4.2

1. 求下列函数的导数：

(1) $y = x^{10} - 10^x + 10^{10}$； (2) $y = xe^x$；

(3) $y = x\tan x \ln x$； (4) $y = \tan x + \cot x$.

2. 求下列函数的导数：

(1) $y = (2+3x)(4-7x)$； (2) $y = \dfrac{\ln x}{x}$；

(3) $y = x^e - e^x + e^e$； (4) $y = x^3 \ln x$.

3. 求下列函数在给定点处的导数：

(1) $y = \sin x - \cos x$，求 $y'\big|_{x=\frac{\pi}{6}}$ 和 $y'\big|_{x=\frac{\pi}{4}}$.

(2) $f(x) = \dfrac{3}{5-x} + \dfrac{x^2}{5}$，求 $f'(0)$ 和 $f'(2)$.

§4.3 初等函数的导数

一、复合函数求导法则

定理 设函数 $u = \varphi(x)$ 在点 x 处可导，函数 $y = f(u)$ 在对应点 u 处可导，则复合函数 $y = f[\varphi(x)]$ 在点 x 处可导，且有

$$\frac{dy}{dx} = \frac{dy}{du} \frac{du}{dx}.$$

此法则也称为复合函数求导的**链锁法则**. 即函数 $y = f[\varphi(x)]$ 对自变量 x 的导数等于 f 对中间"链

环" u 的导数乘以 u 对 x 的导数.

例 1 设 $y=\sin 2x$，求 $\dfrac{dy}{dx}$.

解：$y=\sin 2x$ 可看作由 $y=\sin u$，$u=2x$ 复合而成，所以

$$\frac{dy}{dx}=\frac{dy}{du}\frac{du}{dx}=2\cos u=2\cos 2x.$$

例 2 设 $y=\sin^2 x$，求 $\dfrac{dy}{dx}$.

解：$y=\sin^2 x$ 可看作由 $y=u^2$，$u=\sin x$ 复合而成，所以

$$\frac{dy}{dx}=\frac{dy}{du}\frac{du}{dx}=2u\cos x=2\sin x\cos x=\sin 2x.$$

在运算熟练后，可以只在心中引进中间变量，而不必写出来.

例 3 设 $y=e^{x^2}$，求 $\dfrac{dy}{dx}$.

解：$y=e^{x^2}$ 可看作由 $y=e^u$，$u=x^2$ 复合而成，所以

$$\frac{dy}{dx}=(e^{x^2})'=e^{x^2}(x^2)'$$

$$=e^{x^2}\cdot 2x=2xe^{x^2}.$$

复合函数的求导法则可以推广到多个中间变量的情形. 我们以两个中间变量为例设 $y=f(u)$，$u=\varphi(v)$，$v=\psi(x)$，则

$$\frac{dy}{dx}=\frac{dy}{du}\frac{du}{dx},\text{ 而 }\frac{du}{dx}=\frac{du}{dv}\frac{dv}{dx},$$

故复合函数 $y=f\{\varphi[\psi(x)]\}$ 的导数为

$$\frac{dy}{dx}=\frac{dy}{du}\frac{du}{dv}\frac{dv}{dx}.$$

当然，这里假定上式右端所出现的导数在相应点处都存在.

例 4 设 $y=\sin^4 5x$，求 $\dfrac{dy}{dx}$.

解：$y=\sin^4 5x$ 可看作由 $y=u^4$，$u=\sin 5x$ 复合而成，但 $u=\sin 5x$ 仍为复合函数，继续分解为
$$u=\sin v,\ v=5x$$
所以
$$\dfrac{dy}{dx}=(\sin^4 5x)'=4\sin^3 5x\cdot(\sin 5x)'$$
$$=4\sin^3 5x\cdot\cos 5x(5x)'$$
$$=4\sin^3 5x\cdot(\cos 5x)\cdot 5$$
$$=20\sin^3 5x\cdot\cos 5x.$$

最后，就 $x>0$ 的情形证明幂函数的导数公式
$$(x^\mu)'=\mu x^{\mu-1}.$$

因为 $x^u=e^{u\ln x}$，所以
$$(x^u)'=(e^{u\ln x})'=e^{u\ln x}\cdot(u\ln x)'$$
$$=x^u u\,\dfrac{1}{x}=u x^{u-1}.$$

二、初等函数的导数

为了解决初等函数求导的问题，前面已经求出了常数和全部基本初等函数的导数，还推出了函数的和、差、积、商的求导法则以及复合求导法则，有了这些基本公式和求导法则，几乎所有的初等函数的导数均可求出.

例 5 设 $y=\ln(x+\sqrt{x^2+1})$，求 $\dfrac{dy}{dx}$.

解： $\dfrac{dy}{dx} = (\ln(x+\sqrt{x^2+1}))'$

$= \dfrac{1}{x+\sqrt{x^2+1}} (x+\sqrt{x^2+1})'$

$= \dfrac{1}{x+\sqrt{x^2+1}} (1+\dfrac{x}{\sqrt{x^2+1}})$

$= \dfrac{1}{\sqrt{x^2+1}}$

练习题 4.3

1. 求下列函数的导数：

(1) $y = \cos(4-3x)$;

(2) $y = x\arctan x - \dfrac{1}{2}\ln(1+x^2)$;

(3) $y = e^{-3x^2}$;

(4) $y = x - \ln(1+e^x)$.

2. 讨论下列函数在指定点处的连续性和可导性：

(1) $f(x) = \begin{cases} x, & x<1 \\ -x^2+2x, & x>1 \end{cases}$ 在 $x=1$ 处；

(2) $f(x) = \begin{cases} x\sin\dfrac{1}{x}, & x \neq 0 \\ 0, & x=0 \end{cases}$ 在 $x=0$ 处；

(3) $f(x) = \begin{cases} x^2\sin\dfrac{1}{x}, & x \neq 0 \\ 0, & x=0 \end{cases}$ 在 $x=0$ 处.

§4.4 高阶导数

物体作变速直线运动，其瞬时速度 $v(t)$ 就是路程函数 $s=s(t)$ 对时间 t 的导数，即
$$v(t)=s'(t).$$
根据物理学知识，速度函数 $v(t)$ 对时间 t 的导数就是加速度 $a(t)$，即加速度 $a(t)$ 就是路程函数 $s(t)$ 对时间 t 的导数的导数，称其为 $s(t)$ 对 t 的**二阶导数**，记为
$$a(t)=s''(t).$$

一般地，如果函数 $y=f(x)$ 的导函数 $f'(x)$ 仍可导，则称 $f'(x)$ 的导数 $[f'(x)]'$ 为函数 $y=f(x)$ 的**二阶导数**，记为
$$f''(x),\ y'',\ \frac{\mathrm{d}^2 y}{\mathrm{d}x^2},\ \frac{\mathrm{d}^2 f(x)}{\mathrm{d}x^2}.$$

类似地，二阶导数的导数称为**三阶导数**，记为
$$f'''(x),\ y''',\ \frac{d^3 y}{dx^3},\ \frac{d^3 f(x)}{dx^3}.$$

一般地，$f(x)$ 的 $n-1$ 阶的导数的导数称为 $f(x)$ 的 **n 阶导数**，记为
$$f^{(n)}(x),\ y^{(n)},\ \frac{\mathrm{d}^n y}{\mathrm{d}x^n},\ \frac{\mathrm{d}^n f(x)}{\mathrm{d}x^n}.$$

注：二阶和二阶以上的导数统称为高阶导数. 相应地，$f(x)$ 称为零阶导数；$f'(x)$ 称为一阶导数.

由此可见，求函数的高阶导数，就是利用基本求导公式及导数的运算法则，对函数逐次的连续求导.

笔记区

例1 设 $y=2x^3-3x^2+5$，求 y''.

解： $y'=6x^2-6x$，$y''=12x-6$.

例2 设 $y=x^2\ln x$，求 $f'''(2)$.

解： $y'=(x^2)'\ln x+x^2(\ln x)'=2x\ln x+x$,

$$y''=2\ln x+3,\quad y'''=\frac{2}{x}$$

所以 $f'''(2)\big|_{x=2}=1$.

例3 求指数函数 $y=e^x$ 的 n 阶导数.

解： $y'=e^x$，$y''=e^x$，$y'''=e^x$，$y^{(4)}=e^x$

一般地，可得 $y^{(n)}=e^x$，即有

$$e^{x(n)}=e^x.$$

例4 求 $y=\sin x$ 的 n 阶导数.

解： $y'=\cos x=\sin\left(x+\frac{\pi}{2}\right)$,

$$y''=\cos\left(x+\frac{\pi}{2}\right)=\sin\left(x+\frac{\pi}{2}+\frac{\pi}{2}\right)$$

$$=\sin\left(x+2\frac{\pi}{2}\right)$$

$$y'''=\cos\left(x+2\frac{\pi}{2}\right)=\sin\left(x+3\frac{\pi}{2}\right)$$

一般地，可得

$$\sin x^{(n)}=\sin\left(x+n\frac{\pi}{2}\right).$$

同理可得

$$\cos x^{(n)}=\cos\left(x+n\frac{\pi}{2}\right).$$

练习题 4.4

1. 设 $y=1-x^2-x^4$，求 y''，y'''.

2. 设 $y=(x+10)^6$，求 $y'''|_{x=2}$.

3. 求下列函数的二阶导数：

(1) $y=xe^{x^2}$　　　　(2) $y=e^{3x-2}$

(3) $y=x^5+4x^3+2x$　　(4) $y=x\ln x$

4. 验证函数 $y=e^x\sin x$ 满足关系式
$$y''-2y'+2y=0.$$

§4.5　隐函数与参数求导法则

一、隐函数求导法

由二元方程 $F(x,y)=0$ 所确定的 y 与 x 的函数关系称为隐函数．其中因变量 y 不一定能用自变量 x 直接表示出来．例如：$xe^x-y+1=0$ 所确定的函数就不能写成 $y=f(x)$（显函数）形式，因而称为隐函数．

若在 $F(x,y)=0$ 中确定 y 是 x 的函数 $y=y(x)$ 可导，则此隐函数的导数 $y'=y'(x)$ 可以从方程
$$\frac{\mathrm{d}}{\mathrm{d}x}F(x,y)=0$$
直接求得，其中 $F(x,y)$ 中的 y 必须当作 x 的函数看待．这种求导方法叫做**隐函数求导法**．

例 1　求下列隐函数的导数：

(1) $x^2+y^3-1=0$;

(2) $xe^x-y+1=0$;

(3) $\sqrt{x}+\sqrt{y}=\sqrt{a}$.

解：(1) 这里 y^3 可看成是 x 的复合函数，将方程两边对 x 求导得：

$$2x + 3y^2 y' = 0$$

所以 $\quad y' = \dfrac{-2x}{3y^2} = \dfrac{-2x}{3\sqrt[3]{(1-x^2)^2}};$

(2) 这里 y 可看成是 x 的复合函数，将方程两边对 x 求导得：

$$e^x + xe^x - 1 \cdot y' = 0$$

所以 $\quad y' = e^x + xe^x$

(3) 这里 $\sqrt{y}$ 可看成是 x 的复合函数，将方程两边对 x 求导得：

$$\dfrac{1}{2\sqrt{x}} + \dfrac{1}{2\sqrt{y}} \cdot y' = 0$$

所以 $\quad y' = -\sqrt{\dfrac{y}{x}} \quad (x>0, y>0).$

二、对数求导法

对于表达成积、商、幂形式的函数和形如 $[f(x)]^{g(x)}$ 的函数求导时，往往采取对函数两边直接取对数，然后再根据隐函数求导法则求导数的方法叫做**对数求导法**.

因为积、商、幂形式的对数可以写为对数之和、差及倍数，所以可以分项求导而得结果. 而对于 $[f(x)]^{g(x)}$ 这一类函数，由于它既不是幂函数，又不是指数函数，所以必须将它看作复合函数，然后再进行求导，而用取对数求导就避开了这个问题，因此显得特别简单.

例 2 求下列函数的导数：

(1) $y = x^x$；

(2) $y = \sqrt{\dfrac{(x-1)(x-2)}{x-3}}$.

解：(1) 对函数两边直接取对数，有
$$\ln y = \ln x^x = x \ln x$$

等式两边分别对 x 求导（注意 y 是 x 的函数），有
$$(\ln y)' = (x \ln x)'$$
$$\dfrac{y'}{y} = \ln x + x \cdot \dfrac{1}{x}$$

于是 $\quad y' = y(\ln x + 1) = x^x(1 + \ln x)$.

(2) 对函数两边直接取对数，有
$$\ln y = \dfrac{1}{2}[\ln(x-1) + \ln(x-2) - \ln(x-3)]$$

等式两边分别对 x 求导（注意 y 是 x 的函数），有
$$\dfrac{y'}{y} = \dfrac{1}{2}\left(\dfrac{1}{x-1} + \dfrac{1}{x-2} - \dfrac{1}{x-3}\right)$$

于是
$$y' = \dfrac{y}{2}\left(\dfrac{1}{x-1} + \dfrac{1}{x-2} - \dfrac{1}{x-3}\right)$$
$$= \dfrac{1}{2}\sqrt{\dfrac{(x-1)(x-2)}{x-3}}\left(\dfrac{1}{x-1} + \dfrac{1}{x-2} - \dfrac{1}{x-3}\right)$$

三、参数求导法则

一般地，若参数方程
$$\begin{cases} x = \varphi(t) \\ y = \psi(t) \end{cases}$$

确定 y 与 x 的函数关系式 $y = y(x)$（或 $x = x(y)$），则称此函数关系所表达的函数为由参数方程所确定的函数。

下面介绍借助于参数 t 求 $\dfrac{dy}{dx}$ 的方法，称为参数求导法则。假定函数 $x=\varphi(t)$、$y=\psi(t)$ 都可导，且 $\varphi'(t)\neq 0$。于是根据复合求导法则与反函数导数公式，得

$$\frac{dy}{dx}=\frac{dy}{dt}\frac{dt}{dx}=\frac{dy}{dt}\frac{1}{\frac{dx}{dt}}=\frac{\psi'(t)}{\varphi'(t)},$$

即

$$\frac{dy}{dx}=\frac{\psi'(t)}{\varphi'(t)}$$

例3 求由方程 $\begin{cases}x=a\cos t\\y=b\sin t\end{cases}$ $(0<t<\pi)$ 所确定的函数 y 对 x 的一阶导数。

解：$\dfrac{dy}{dx}=\dfrac{\psi'(t)}{\varphi'(t)}=\dfrac{(b\sin t)'}{(a\cos t)'}=\dfrac{b\cos t}{-a\sin t}=-\dfrac{b}{a}\cot t.$

练习题 4.5

1. 求下列函数的导数：

(1) $y=x^{2x}$；　　(2) $y=\left(\dfrac{x}{1+x}\right)^x$.

2. 求下列参数方程所确定的函数的导数：

(1) $\begin{cases}x=a\cos^3\varphi\\y=b\sin^3\varphi\end{cases}$，求 $\dfrac{dy}{dx}$；

(2) $\begin{cases}x=1-t^2\\y=t-t^3\end{cases}$，求 $\dfrac{dy}{dx}$.

3. 求下列隐函数的导数：

(1) $x^3+y^3-3axy=0$；　　(2) $\cos xy=x$.

§4.6 函数的微分

一、微分的概念

1. 微分的定义

先讨论一个实例.

例 设一块正方形金属薄片受温度变化的影响，其边长由 x_0 变到 $x_0+\Delta x$，问此薄片的面积改变了多少？

解：设正方形的边长等于 x，则正方形的面积 $A=x^2$. 薄片受温度变化的影响对面积的改变量，可看成是当自变量 x 从 x_0 变到 $x_0+\Delta x$ 时，函数 A 相应的改变量 ΔA，即

$$\Delta A=(x_0+\Delta x)^2-x_0^2=2x_0\Delta x+(\Delta x)^2$$

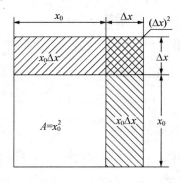

图 4-4

从上式可看出，ΔA 分两部分. 第一部分 $2x_0\Delta x$ 为 Δx 的线性函数，第二部分 $(\Delta x)^2$，当 $\Delta x\to 0$ 时是

比 Δx 高阶的无穷小，即 $(\Delta x)^2 = o(\Delta x)$ $(\Delta x \to 0)$.

由此可见，如果边长改变很小，即 $|\Delta x|$ 很小时，面积的改变量 ΔA 可近似地用第一部分代替，即

$$\Delta A \approx 2x_0 \Delta x.$$

一般地，如果函数 $y = f(x)$ 满足一定条件，则函数的改变量 Δy 可表示为

$$\Delta y = A\Delta x + o(\Delta x),$$

其中 A 是不依赖于 Δx 的线性函数，且 Δy 与 $A\Delta x$ 之间是比 Δx 高阶的无穷小，即

$$\Delta y - A\Delta x = o(\Delta x),$$

所以，当 $A \neq 0$，且 $|\Delta x|$ 很小时，我们就可以近似的用 $A\Delta x$ 来代替 Δy.

定义 设函数 $y = f(x)$ 在某区间内有定义，x_0 及 $x_0 + \Delta x$ 在这区间内，如果函数的改变量 $\Delta y = f(x_0 + \Delta x) - f(x_0)$ 可表示为

$$\Delta y = A\Delta x + o(\Delta x),$$

其中 A 是不依赖于 Δx 的常数，而 $o(\Delta x)$ 是比 Δx 高阶的无穷小，那么称函数 $y = f(x)$ 在点 x_0 可微，而 $A\Delta x$ 称为函数 $y = f(x)$ 在点 x_0 相应于自变量改变量 Δx 的微分，记作 $\mathrm{d}y \big|_{x=x_0}$，即

$$\mathrm{d}y \big|_{x=x_0} = A\Delta x.$$

2. 函数可微的条件

定理 函数 $y = f(x)$ 在点 x_0 处可微的充要条件是 $y = f(x)$ 在点 x_0 可导.

函数 $y = f(x)$ 在点 x_0 可导与在点 x_0 可微是等价的，且当 $y = f(x)$ 在点 x_0 可微时，其微分

$$\mathrm{d}y \big|_{x=x_0} = f'(x)\Delta x.$$

若函数 $y=f(x)$ 在某一区间 I 内每一点处都可微,则称函数 $y=f(x)$ 在区间 I 内可微. 函数在区间内任意点 x 的微分称为函数的微分,记作 $\mathrm{d}y$ 或 $\mathrm{d}f(x)$,即

$$\mathrm{d}y=f'(x)\Delta x.$$

特别地,当 $f(x)=x$ 时,$\mathrm{d}f(x)=\mathrm{d}x=(x)'\Delta x=\Delta x$,即自变量 x 的微分 $\mathrm{d}x$ 等于自变量 x 的改变量 Δx. 于是,函数 $y=f(x)$ 在点 x 处的微分 $\mathrm{d}y$ 又可以写作

$$\mathrm{d}y=f'(x)\mathrm{d}x.$$

从而有

$$\frac{\mathrm{d}y}{\mathrm{d}x}=f'(x).$$

这就是说,函数的微分 $\mathrm{d}y$ 与自变量的微分 $\mathrm{d}x$ 之商等于该函数的导数,因此,导数也叫做微商.

显然,函数的微分 $\mathrm{d}y=f'(x)\Delta x$ 与 x 和 Δx 有关.

例 1 求函数 $y=x^2$ 在 $x=1$ 和 $x=3$ 处的微分.

解:函数 $y=x^2$ 在 $x=1$ 处的微分为 $\mathrm{d}y\big|_{x=1}=(x^2)'\big|_{x=1}\mathrm{d}x=2\mathrm{d}x$;

在 $x=3$ 处的微分为 $\mathrm{d}y\big|_{x=3}=(x^2)'\big|_{x=3}\mathrm{d}x=6\mathrm{d}x$.

例 2 求函数 $y=x^3$ 在 $x=2$,$\Delta x=0.02$ 时的微分.

解:先求函数在任意点 x 的微分,

$$\mathrm{d}y=(x^3)'\mathrm{d}x=3x^2\mathrm{d}x,$$

再求函数当 $x=2$,$\mathrm{d}x=\Delta x=0.02$ 时的微分,

$$\mathrm{d}y\bigg|_{\substack{x=1\\\Delta x=0.02}}=3x^2\mathrm{d}x\bigg|_{\substack{x=1\\\Delta x=0.02}}=3\cdot 2^2\cdot 0.02=0.24$$

例3 求函数 $y=\dfrac{x}{1-x^2}$ 的微分.

解：$y'=\dfrac{1-x^2-x(-2x)}{(1-x^2)^2}=\dfrac{1+x^2}{(1-x^2)^2}$,

$$dy=\dfrac{1+x^2}{(1-x^2)^2}dx,$$

当 $f(x)$ 在 x_0 处可微时，Δy 与 Δx 有下列关系：

$$\Delta y=f'(x_0)\Delta x+o(\Delta x)$$

因此在 $f'(x_0)\neq 0$ 的条件下，我们称 $dy=f'(x_0)\Delta x$ 是 Δy 的线性主部.

二、微分的运算法则

1. 基本初等函数的微分公式

(1) $dC=0$ （C 为常数）；

(2) $dx^{\mu}=\mu x^{\mu-1}dx$ （μ 为常数）；

(3) $da^x=a^x\ln a\,dx$ （$a>0$，$a\neq 1$）；

(4) $de^x=e^x dx$；

(5) $d\log_a x=\dfrac{1}{x\ln a}dx$ （$a>0$，$a\neq 1$）；

(6) $d\ln x=\dfrac{1}{x}dx$；

(7) $d\sin x=\cos x\,dx$；

(8) $d\cos x=-\sin x\,dx$；

(9) $d\tan x=\sec^2 x\,dx$；

(10) $d\cot x=-\csc^2 x\,dx$；

(11) $d\sec x=\sec x\tan x\,dx$；

(12) $d\csc x=-\csc x\cot x\,dx$；

(13) $d\arcsin x=\dfrac{1}{\sqrt{1-x^2}}dx$；

(14) $d\arccos x = \dfrac{-1}{\sqrt{1-x^2}} dx$;

(15) $d\arctan x = \dfrac{1}{1+x^2} dx$;

(16) $d\operatorname{arccot} x = \dfrac{-1}{1+x^2} dx$.

2. 四则微分法则

(1) $d[u(x) \pm v(x)] = du(x) \pm dv(x)$;

(2) $d[u(x)v(x)] = v(x)du(x) + u(x)dv(x)$;

(3) $d[cu(x)] = c\,du(x)$ （c 为常数）;

(4) $d\left[\dfrac{u(x)}{v(x)}\right] = \dfrac{v(x)du(x) - u(x)dv(x)}{v^2(x)}$ $[v(x) \neq 0]$.

由函数的四则求导法则可推得上面的法则. 下面仅对乘积的微分法则进行推导：

设 $u = u(x)$, $v = v(x)$, 则
$$d(uv) = (uv)' dx = (u'v + uv')dx$$
$$= v(u'dx) + u(v'dx) = vdu + udv$$

3. 复合微分法则

根据微分的定义，当 u 是自变量时，函数 $y = f(u)$ 的微分是
$$dy = f'(u)du,$$
此时 $du = \Delta u$.

现在，设 $y = f(u)$, $u = \varphi(x)$, 由于
$$dy = f'(u)\varphi'(x)dx,$$
但 $\varphi'(x)dx = du$, 所以，复合函数 $f[\varphi(x)]$ 的微分公式也可以写成
$$dy = f'(u)du.$$

由此可见，无论 u 是自变量还是可微的中间变量，函数 $y=f(u)$ 的微分总保持同一形式

$$dy=f'(u)du.$$

这就是函数的复合微分法则，这一性质称为微分形式不变性．

例 4 设 $y=\sin(2x+1)$，求 dy．

解：把 $2x+1$ 看成中间变量 u，则

$$\begin{aligned}dy&=d(\sin u)=\cos u du\\&=\cos(2x+1)d(2x+1)\\&=\cos(2x+1)\cdot 2dx\\&=2\cos(2x+1)dx\end{aligned}$$

例 5 求 $x^2+2xy-y^2=a^2$ 确定的隐函数 $y=f(x)$ 的微分 dy．

解：根据复合微分法则，方程两端求微分

$$2xdx+2ydx+2xdy-2ydy=0$$
$$(y-x)dy=(x+y)dx$$

有 $$dy=\frac{x+y}{y-x}dx$$

例 6 在下列等式的括号中填入适当的函数，使等式成立．

(1) $d(\quad)=xdx$；

(2) $d(\quad)=\cos\omega t dt$．

解：(1) 我们知道 $dx^2=2xdx$．

可见 $$xdx=\frac{1}{2}dx^2=d\left(\frac{x^2}{2}\right),$$

即 $$d\left(\frac{x^2}{2}\right)=xdx.$$

一般地，有 $d\left(\dfrac{x^2}{2}+C\right)=xdx$（$C$ 为任意常数）．

(2) 因为 $(\sin\omega t) = \omega\cos\omega t dt$.

可见 $\cos\omega t dt = \frac{1}{\omega}d(\sin\omega t) = d\left(\frac{1}{\omega}\sin\omega t\right)$,

即 $d\left(\frac{1}{\omega}\sin\omega t\right) = \cos\omega t dt$.

一般地，有 $d\left(\frac{1}{\omega}\sin\omega t + C\right) = \cos\omega t dt$（$C$ 为任意常数）.

练习题 4.6

1. 求下列函数在指定点的导数与微分：

(1) $y = \frac{1}{x}$, $x = 1$

(2) $y = \ln x$, $x = 1$

(3) $y = \cos x$, $x = 0$

(4) $y = \sin 2x$, $x = \frac{\pi}{4}$

2. 求下列函数的微分：

(1) $y = (1-x^2)^n$ (2) $y = 3x^2$

(3) $y = 1 + x - x^2$

3. 在下列等式的括号中填入适当的函数，使等式成立.

(1) $d(\quad) = 2dx$

(2) $d(\quad) = 3xdx$

(3) $d(\quad) = \cos t dt$

(4) $d(\quad) = \sin\omega x dx$

(5) $d(\quad) = \frac{1}{1+x}dx$

(6) d(　　) = $e^{-2x}dx$

(7) d(　　) = $\dfrac{1}{\sqrt{x}}dx$

(8) d(　　) = $\sec^2 3x\, dx$

第四章　复习题

一、选择题

1. 若（　　）式所示的极限存在，则称 $f(x)$ 在 $x=0$ 处的导数存在.

A. $\lim\limits_{\Delta x \to 0}\dfrac{f(-\Delta x)-f(0)}{-\Delta x}$

B. $\lim\limits_{\Delta x \to 0^-}\dfrac{f(-\Delta x)-f(0)}{-\Delta x}$

C. $\lim\limits_{\Delta x \to 0^+}\dfrac{f(-\Delta x)-f(0)}{-\Delta x}$

D. $\lim\limits_{\Delta x \to 0^+}\dfrac{f(-\Delta x)-f(0)}{\Delta x}$

2. 函数 $f(x)=\begin{cases} x^2\sin\dfrac{1}{x}, & x\neq 0 \\ 0, & x=0 \end{cases}$ 在 $x=0$ 点（　　）.

A. 连续且可导　　B. 不可导

C. 不连续　　D. 连续但不可导

3. 函数在 x_0 处左右导数存在是函数在 x_0 处导数存在的（　　）条件.

A. 充分　　B. 必要

C. 充要　　D. 既不充分又不必要

4. 设 $f(x)-f(x_0)=A\Delta x+\alpha$（$A$ 与 Δx 无关），若 α 是（　　）时，函数 $f(x)$ 在点 x_0 可微.

  A. 无穷小

  B. 关于 Δx 的无穷小

  C. 关于 Δx 的同阶无穷小

  D. 关于 Δx 的高阶无穷小

5. 已知 $y=e^{f(x)}$，则 $y''=$（　　）．

  A. $e^{f(x)}$ B. $e^{f(x)}f'(x)$

  C. $e^{f(x)}[f'(x)+f''(x)]$

  D. $e^{f(x)}\{[f'(x)]^2+f''(x)\}$

二、判断题

1. 若 $f(x)$ 在 x_0 处不可导，则 $f(x)$ 在 x_0 处必不连续． （　　）

2. 如果函数 $y=f(x)$ 处处可导，则曲线 $y=f(x)$ 处处有切线． （　　）

3. 如果 $f'(x_0)$ 存在，则 $\lim\limits_{x\to x_0}f(x)$ 存在． （　　）

4. 函数 $y=\ln|x|$（$x\neq 0$）的导数等于 $y'=\dfrac{1}{x}$． （　　）

5. 若 $f(x)$ 在 x_0 处可导，则 $f(x)$ 在 x_0 处必有定义． （　　）

6. 若 $f'(x_0)=0$，则曲线在该点处的切线平行于 x 轴． （　　）

三、填空题

1. 设 $f'(x_0)$ 存在，则 $\lim\limits_{h\to 0}\dfrac{f(x_0+2h)-f(x_0)}{h}=$ _____．

2. 已知 $y=\sqrt{x^2}$，则 $f'_-(0)=$ _____，$f'_+(0)$

= _____ , $f'(0)=$ _____ .

3. 若 $f(x)$ 在 x_0 处可导，则 $\lim\limits_{\Delta x \to 0}[f(x_0+\Delta x)-f(x_0)]=$ _____ .

4. 设 $f(x)=\ln x^3+e^{3x}$，则 $f'(1)=$ _____ .

四、求下列函数的导数

1. $y=x\log_2 x$

2. $y=\ln\tan x$

3. $x^3+y^3-3axy=0$

五、计算题

1. 求 $y=e^x\sin x$ 的二阶导数.

2. 求参数方程 $\begin{cases} x=\ln(1+t^2) \\ y=t-\arctan t \end{cases}$ 的导数 $\dfrac{dy}{dx}$.

数学史话

我站在巨人们的肩上——牛顿

"我不知道世人如何看我,可我自己认为,我好像只是一个在海边玩耍的孩子,不时为捡到比通常更光滑的石子或更美丽的贝壳而高兴,而展现在我面前的是完全未被探明的真理之海。"这是牛顿晚年对自己的评价。

牛顿(Issac Newton,1642-1727)是英国数学家和物理学家,17世纪科学革命的顶峰人物,他提出近代物理学基础的力学三大定律和万有引力定律。他关于白光由色光组成的发现为物理光学奠定了基础。他是微积分的创始人之一。他的《自然哲学的数学原理》是近代科学史上最重要的著作。

1642年12月25日他生于英格兰林肯郡的伍尔索普村的一个农民家庭。1661年进入剑桥三一学院,1665年4月获学士学位。当时科学革命的序幕已经拉开,从哥白尼到开普勒的天文学家已经完成了日心体系,伽利略为新力学体系的创立扫清了道路。1665年的瘟疫使学校关门,牛顿在回家居住的两年里,奠定了微积分的基础,完成了论文《论颜色》,推导出太阳和行星间的作用力随向径距离增加而减小的平方反比定律。

1667年当选为三一学院院委，两年后由巴罗推荐，牛顿接替他担任卢卡斯教授。1669年任皇家造币厂监督。1671年当选为皇家协会会员。1703年当选为英国皇家协会会长，他担任这个职务直到1727年3月20日在伦敦病逝。1705年安妮女王封他为爵士。他终身未婚。

牛顿有这样一句赞美前辈科学家的名言："如果说我比别人看得远些，那是因为我站在巨人们的肩上。"

对人世间的生活，牛顿的态度相当消极，斐利斯评价他"对音乐充耳不闻，视雕塑为'金石玩偶'，诗歌是'优美的胡扯'"。

但牛顿留下的东西彻底改变了西方文明对世界的观点，赫胥黎对牛顿的评价是"作为凡人无甚可取；作为巨人无与伦比。"

第五章 微分学基本定理及其应用

导数是研究函数性态的重要工具,仅从导数概念出发并不能充分体现这种工具的作用,它需要建立在微分学的基本定理的基础之上,这些基本定理统称为"中值定理".

§5.1 中值定理

一、罗尔定理

首先给出极值概念.

定义 1 设函数 $f(x)$ 在区间 I 有定义,若 $x_0 \in I$,且存在 x_0 的某邻域 $U(x_0) \subset I$,$\forall x \in U(x_0)$,有
$$f(x) \leqslant f(x_0) \quad (f(x) \geqslant f(x_0)),$$
则称 x_0 是函数 $f(x)$ 的**极大点(极小点)**,$f(x_0)$ 是函数 $f(x)$ 的**极大值(极小值)**.

极大点与极小点统称为**极值点**,极大值与极小值统称为**极值**.

极值点 x_0 必在区间 I 内部(即不能是区间 I 的端点),$f(x_0)$ 是函数 $f(x)$ 的极值是与函数 $f(x)$

在点 x_0 的某个邻域 $U(x_0)$ 上函数值 $f(x)$ 比较而言的. 因此极值是一个局部概念. 函数 $f(x)$ 在区间 I 上可能有很多的极大值（或极小值），但只能有一个最大值（如果存在最大值）和一个最小值（如果存在最小值）. 若函数 $f(x)$ 在区间 I 内部某点 x_0 取最大值（最小值），则 x_0 必是函数 $f(x)$ 的极大点（极小点）.

二、拉格朗日定理

拉格朗日定理 若函数 $f(x)$ 满足下列条件：

(1) 在闭区间 $[a,b]$ 连续；

(2) 在开区间 (a,b) 可导，

则在开区间 (a,b) 内至少存在一点 c，使

$$f'(c)=\frac{f(b)-f(a)}{b-a}.$$

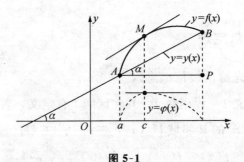

图 5-1

几何意义 如图在 $\triangle ABP$ 中，$\dfrac{f(b)-f(a)}{b-a}=\tan\alpha$，其中 α 是割线 AB 与 x 轴的交角，即 $\dfrac{f(b)-f(a)}{b-a}$ 是通过曲线 $y=f(x)$ 上二点 $A(a,f(a))$ 与 $B(b,f(b))$ 的割线斜率. 拉格朗日定理的几何意

义是：若闭区间 $[a,b]$ 上有一条连续曲线，曲线上每一点都存在切线，则曲线上至少存在一点 $M(c,f(c))$，过点 M 的切线平行于割线 AB.

拉格朗日定理是微分学最重要的定理之一，也称微分中值定理．它是沟通函数与其导数的桥梁，是应用导数的局部性研究函数整体性的重要数学工具.

由拉格朗日中值定理，可推出以下两个重要推论．

推论1 设函数 $f(x)$ 在 (a,b) 内可导，则 $f'(x)\equiv 0$ $(x\in(a,b))$ 的充要条件是 $f(x)\equiv c$（常数）$(x\in(a,b))$.

推论2 设函数 $f(x)$ 与 $g(x)$ 在 (a,b) 内可导，则 $f'(x)=g'(x)$ $(x\in(a,b))$ 的充要条件是 $f(x)\equiv g(x)+C(x\in(a,b))$，其中 C 是常数.

例1 设 $f(x)=(x+1)(x-1)(x-2)$，证明 $f'(x)=0$ 有两个实根，并指出它们所在的区间（不具体求出导数）.

证：显然 $f(x)$ 在 $(-\infty,+\infty)$ 内连续、可导，且

$f(-1)=f(1)=f(2)=0$. 由罗尔定理可知，在区间 $(-1,1)$ 和 $(1,2)$ 内分别至少有 ξ_1 和 ξ_2，使得 $f'(\xi_1)=f'(\xi_2)=0$. 所以方程 $f'(x)=0$ 至少有两个实根分别在 $(-1,1)$ 和 $(1,2)$ 内．又 $f'(x)=0$ 是一个不高于 2 次的代数方程，由代数学基本定理知 $f'(x)$ 最多有两个实根．因此 $f'(x)=0$ 恰有两个实根且分别在 $(-1,1)$ 和 $(1,2)$ 内.

例2 证明：当 $x>0$ 时，$\dfrac{x}{1+x}<\ln(1+x)<x$.

证：设 $f(x)=\ln(x+1)$，显然 $f(x)$ 在 $[0,x]$

上满足拉格朗日中值定理的条件，根据定理，应有
$$f(x)-f(0)=f'(\xi)(x-0),\ 0<\xi<x$$

由于 $f(0)=0$，$f'(x)=\dfrac{1}{1+x}$，因此上式即为

$$\ln(1+x)=\dfrac{x}{1+\xi}.$$

又由 $0<\xi<x$，有

$$\dfrac{x}{1+x}<\dfrac{x}{1+\xi}<x$$

即 $\qquad \dfrac{x}{1+x}<\ln(1+x)<x.$

三、柯西定理

柯西中值定理　若函数 $f(x)$ 与 $g(x)$ 满足下列条件：

(1) 在闭区间 $[a,b]$ 连续；

(2) 在开区间 (a,b) 可导，且 $\forall x\in(a,b)$，有 $g'(x)\neq 0$，则在 (a,b) 内至少存在一点 c，使

$$\dfrac{f'(c)}{g'(c)}=\dfrac{f(b)-f(a)}{g(b)-g(a)}.$$

练习题 5.1

1. 验证罗尔定理对函数 $f(x)=\dfrac{1}{1+x^2}$ 在区间 $[-2,2]$ 上的正确性.

2. 验证拉格朗日中值定理对函数 $f(x)=4x^3-5x^2+x-2$ 在区间 $[0,1]$ 上的正确性.

3. 不用求出函数 $f(x)=(x-1)(x-2)(x-3)(x-4)$ 的导数,说明方程 $f'(x)=0$ 有几个实根,并指出它们所在的区间.

§5.2 洛必达法则

一、$\dfrac{0}{0}$ 型

约定用"0"表示无穷小,用"∞"表示无穷大. 已知两个无穷小之比 $\dfrac{0}{0}$ 或两个无穷大之比 $\dfrac{\infty}{\infty}$ 的极限可能有各种不同的情况. 因此,求 $\dfrac{0}{0}$ 或 $\dfrac{\infty}{\infty}$ 形式的极限都要根据函数的不同类型选用相应的方法,洛比达法则是求 $\dfrac{0}{0}$ 或 $\dfrac{\infty}{\infty}$ 形式的极限的简便方法.

洛比达法则 1. 若函数 $f(x)$ 与 $\varphi(x)$ 满足下列条件:

(1) 在 a 的某去心邻域 $\mathring{U}(a)$ 可导,且 $\varphi'(x)\neq 0$;

(2) $\lim\limits_{x\to a}f(x)=0$ 与 $\lim\limits_{x\to a}\varphi(x)=0$;

(3) $\lim\limits_{x\to a}\dfrac{f'(x)}{\varphi'(x)}=l$,

则
$$\lim_{x\to a}\dfrac{f(x)}{\varphi(x)}=\lim_{x\to a}\dfrac{f'(x)}{\varphi'(x)}=l.$$

洛比达法则 2. 若函数 $f(x)$ 与 $\varphi(x)$ 满足下列条件:

(1) $\exists A>0$,在 $(-\infty, A)$ 与 $(A, +\infty)$ 可导,且 $\varphi'(x)\neq 0$;

(2) $\lim\limits_{x\to\infty}f(x)=0$ 与 $\lim\limits_{x\to\infty}\varphi(x)=0$;

(3) $\lim\limits_{x\to\infty}\dfrac{f'(x)}{\varphi'(x)}=l$,

则 $$\lim_{x\to\infty}\frac{f(x)}{\varphi(x)}=\lim_{x\to\infty}\frac{f'(x)}{\varphi'(x)}=l.$$

应用洛比达法则,而极限 $\lim\limits_{\substack{x\to a\\(x\to\infty)}}\dfrac{f'(x)}{\varphi'(x)}$ 仍是 $\dfrac{0}{0}$ 的待定型,这时只要导函数 $f'(x)$ 与 $\varphi'(x)$ 仍满足洛比达法则的条件,特别是极限 $\lim\limits_{\substack{x\to a\\(x\to\infty)}}\dfrac{f''(x)}{\varphi''(x)}$ 存在,则有

$$\lim_{\substack{x\to a\\(x\to\infty)}}\frac{f(x)}{\varphi(x)}=\lim_{\substack{x\to a\\(x\to\infty)}}\frac{f'(x)}{\varphi'(x)}=\lim_{\substack{x\to a\\(x\to\infty)}}\frac{f''(x)}{\varphi''(x)}.$$

一般情况,若

$$\lim_{\substack{x\to a\\(x\to\infty)}}\frac{f'(x)}{\varphi'(x)},\ \lim_{\substack{x\to a\\(x\to\infty)}}\frac{f''(x)}{\varphi''(x)},\ \cdots,\ \lim_{\substack{x\to a\\(x\to\infty)}}\frac{f^{(n-1)}(x)}{\varphi^{(n-1)}(x)}$$

都是 $\dfrac{0}{0}$ 的待定型,而导函数 $f^{(n-1)}(x)$ 与 $\varphi^{(n-1)}(x)$ 满足洛比达法则的条件,特别是极限 $\lim\limits_{\substack{x\to a\\(x\to\infty)}}\dfrac{f^{(n)}(x)}{\varphi^{(n)}(x)}$ 存在,则有

$$\lim_{\substack{x\to a\\(x\to\infty)}}\frac{f(x)}{\varphi(x)}=\lim_{\substack{x\to a\\(x\to\infty)}}\frac{f'(x)}{\varphi'(x)}=\cdots=\lim_{\substack{x\to a\\(x\to\infty)}}\frac{f^{(n)}(x)}{\varphi^{(n)}(x)}.$$

例1 $\lim\limits_{x\to 0}\dfrac{\sin x}{x}=\lim\limits_{x\to 0}\dfrac{\cos x}{1}=1.$

例2 $\lim\limits_{x\to+\infty}\dfrac{\dfrac{\pi}{2}-\arctan x}{\dfrac{1}{x}}=\lim\limits_{x\to+\infty}\dfrac{-\dfrac{1}{1+x^2}}{-\dfrac{1}{x^2}}=\lim\limits_{x\to+\infty}\dfrac{x^2}{1+x^2}$

$=1.$

如果 $\dfrac{f'(x)}{g'(x)}$ 当 $x\to x_0$ 时仍是 $\dfrac{0}{0}$ 型不定式,且 $f'(x)$ 与 $g'(x)$ 仍能满足法则1的条件,则可继续使用洛

比达法则求极限. 即

$$\lim_{x\to x_0}\frac{f(x)}{g(x)}=\lim_{x\to x_0}\frac{f'(x)}{g'(x)}=\lim_{x\to x_0}\frac{f''(x)}{g''(x)}=\cdots\cdots, 依次类$$

推，一直到不是 $\frac{0}{0}$ 型不定式为止.

例 3 $\lim\limits_{x\to 0}\dfrac{x\sin x}{1-\cos x}=\lim\limits_{x\to 0}\dfrac{\sin x+x\cos x}{\sin x}$

$$=\lim_{x\to 0}\frac{\cos x+\cos x-x\sin x}{\cos x}=2$$

二、$\dfrac{\infty}{\infty}$ 型

洛比达法则 3. 若函数 $f(x)$ 与 $\varphi(x)$ 满足下列条件：

(1) 在 a 的某去心邻域 $\mathring{U}(a)$ 可导，且 $\varphi'(x)\neq 0$；

(2) $\lim\limits_{x\to a}f(x)=\infty$ 与 $\lim\limits_{x\to a}\varphi(x)=\infty$；

(3) $\lim\limits_{x\to a}\dfrac{f'(x)}{\varphi'(x)}=l$，

则 $\lim\limits_{x\to a}\dfrac{f(x)}{\varphi(x)}=\lim\limits_{x\to a}\dfrac{f'(x)}{\varphi'(x)}=l.$

例 4 $\lim\limits_{x\to 0^+}\dfrac{\ln\sin x}{\ln x}=\lim\limits_{x\to 0^+}\dfrac{\frac{1}{\sin x}\cos x}{\frac{1}{x}}=\lim\limits_{x\to 0^+}\dfrac{x}{\sin x}\lim\limits_{x\to 0^+}\cos x$

$=1.$

注：该定理也适用于 $x\to\infty$ 时的情形.

例 5 $\lim\limits_{x\to\infty}\dfrac{3x^2-2x+5}{4x^2-3x-2}=\lim\limits_{x\to\infty}\dfrac{6x-2}{8x-3}=\dfrac{3}{4}.$

同上述法则一样，如果 $\dfrac{f'(x)}{g'(x)}$ 当 $x\to x_0$ 时仍是 $\dfrac{\infty}{\infty}$ 型不定式，且 $f'(x)$ 与 $g'(x)$ 仍能满足法则 2 的条件，则可继续使用洛比达法则求极限. 即 $\lim\limits_{x\to x_0}\dfrac{f(x)}{g(x)}=$

$$\lim_{x\to x_0}\frac{f'(x)}{g'(x)}=\lim_{x\to x_0}\frac{f''(x)}{g''(x)}=\cdots\cdots,$$ 依次类推，一直到不是 $\frac{\infty}{\infty}$ 型不定式为止.

三、其他待定型

1. $0\cdot\infty$ 型

例 6 求极限 $\lim\limits_{x\to 0^+}x\ln x$ （$0\cdot\infty$）

解： $\lim\limits_{x\to 0^+}x\ln x=\lim\limits_{x\to 0^+}\dfrac{\ln x}{\dfrac{1}{x}}=\lim\limits_{x\to 0^+}\dfrac{\dfrac{1}{x}}{-\dfrac{1}{x^2}}=\lim\limits_{x\to 0^+}(-x)=0.$

2. 1^∞ 型

例 7 求极限 $\lim\limits_{x\to\infty}\left(1+\dfrac{m}{x}\right)^x$ （m 是常数）. (1^∞)

解： $\lim\limits_{x\to\infty}\left(1+\dfrac{m}{x}\right)^x=\lim\limits_{x\to\infty}e^{x\ln\left(1+\frac{m}{x}\right)}$

其中

$$\lim_{x\to\infty}x\ln\left(1+\frac{m}{x}\right)=\lim_{x\to\infty}\frac{\ln\left(1+\frac{m}{x}\right)}{\frac{1}{x}} \quad \left(\frac{0}{0}\right)$$

$$=\lim_{x\to\infty}\frac{\frac{1}{1+\frac{m}{x}}\left(-\frac{m}{x^2}\right)}{-\frac{1}{x^2}}$$

$$=\lim_{x\to\infty}\frac{m}{1+\frac{m}{x}}=m,$$

有 $\lim\limits_{x\to\infty}\left(1+\dfrac{m}{x}\right)^x=\lim\limits_{x\to\infty}e^{x\ln\left(1+\frac{m}{x}\right)}=e^m.$

3. ∞^0 型

例 8 求 $\lim\limits_{x\to+\infty} x^{\frac{1}{x}}$ (∞^0 型)

解: $\lim\limits_{x\to+\infty} x^{\frac{1}{x}} = \lim\limits_{x\to+\infty} e^{\frac{1}{x}\ln x}.$ $\left(\dfrac{\infty}{\infty}\right)$

其中 $\quad \lim\limits_{x\to+\infty}\dfrac{1}{x}\ln x = \lim\limits_{x\to+\infty}\dfrac{\ln x}{x} = \lim\limits_{x\to+\infty}\dfrac{\frac{1}{x}}{1} = 0,$

有 $\quad\quad\quad\quad \lim\limits_{x\to+\infty} x^{\frac{1}{x}} = e^0 = 1.$

4. 0^0 型

例 9 求极限 $\lim\limits_{x\to 0^+}(\tan x)^{\sin x}.$ (0^0)

解: $\lim\limits_{x\to 0^+}(\tan x)^{\sin x} = \lim\limits_{x\to 0^+} e^{\sin x \ln\tan x}.$

其中

$$\lim_{x\to 0^+}\sin x \ln\tan x = \lim_{x\to 0^+}\dfrac{\ln\tan x}{\dfrac{1}{\sin x}} \quad \left(\dfrac{\infty}{\infty}\right)$$

$$= \lim_{x\to 0^+}\dfrac{\dfrac{1}{\tan x\cos^2 x}}{-\dfrac{\cos x}{\sin^2 x}}$$

$$= \lim_{x\to 0^+}\dfrac{-\sin x}{\cos^2 x} = 0$$

有 $\quad\quad\quad\quad \lim\limits_{x\to 0^+}(\tan x)^{\sin x} = e^0 = 1.$

5. $\infty-\infty$ 型

例 10 求极限 $\lim\limits_{x\to 1}\left(\dfrac{1}{\ln x} - \dfrac{1}{x-1}\right)$ ($\infty-\infty$ 型)

解: $\lim\limits_{x\to 1}\left(\dfrac{1}{\ln x} - \dfrac{1}{x-1}\right) = \lim\limits_{x\to 1}\dfrac{x-1-\ln x}{(x-1)\ln x}$ $\left(\dfrac{0}{0}\right)$

$$= \lim_{x\to 1}\dfrac{1-\dfrac{1}{x}}{\ln x + \dfrac{x-1}{x}} = \lim_{x\to 1}\dfrac{x-1}{x\ln x + x - 1} \quad \left(\dfrac{0}{0}\right)$$

笔记区

$$=\lim_{x\to 1}\frac{1}{\ln x+1+1}=\frac{1}{2}$$

从上述例题看到，洛比达法则是求待定型极限的有力工具．值得注意的是，洛比达法则的条件（3）仅是充分条件，即当极限 $\lim\limits_{\substack{x\to a\\(x\to\infty)}}\dfrac{f'(x)}{\varphi'(x)}$ 不存在时，而极限 $\lim\limits_{\substack{x\to a\\(x\to\infty)}}\dfrac{f(x)}{\varphi(x)}$ 仍可能存在．例如，求极限

$$\lim_{x\to+\infty}\frac{x+\sin x}{x}$$

极限 $\lim\limits_{x\to+\infty}\dfrac{(x+\sin x)'}{x'}=\lim\limits_{x\to+\infty}\dfrac{1+\cos x}{1}$ 不存在，而极限

$$\lim_{x\to+\infty}\frac{x+\sin x}{x}=\lim_{x\to+\infty}\left(1+\frac{\sin x}{x}\right)=1,$$

却存在．

在使用洛比达法则时，应注意以下几点：

（1）每次使用法则前，必须检验是否属于 $\dfrac{0}{0}$ 或 $\dfrac{\infty}{\infty}$ 型不定型，若不是，就不能使用该法则；

（2）如果有可约因子，或有非零极限值的乘积因子，则可先约去或提出，以简化演算步骤；

（3）当 $\lim\limits_{x\to x_0}\dfrac{f'(x)}{g'(x)}$ 不存在时，并不能断定 $\lim\limits_{x\to x_0}\dfrac{f(x)}{g(x)}$ 不存在，此时应使用其他方法求极限．

练习题 5.2

用洛比达法则求下列极限：

(1) $\lim\limits_{x\to a}\dfrac{\sin x-\sin a}{x-a}$ (2) $\lim\limits_{x\to 0}\dfrac{\tan x-x}{x-\sin x}$

(3) $\lim\limits_{x\to 1}\left(\dfrac{x}{x-1}-\dfrac{1}{\ln x}\right)$ (4) $\lim\limits_{x\to 0^+} x^{\sin x}$

(5) $\lim\limits_{x\to +\infty}\dfrac{x^2}{e^x}$

§5.3 导数在研究函数上的应用

一、函数的单调性

中学《数学》用代数方法讨论了一些函数的性态：如单调性、极值性、奇偶性、周期性等. 由于受方法的限制，讨论得既不深刻也不全面，且计算繁琐，也不易掌握其规律. 导数和微分学基本定理为我们深刻、全面地研究函数的性态提供了有力的数学工具.

设曲线 $y=f(x)$ 其上每一点都存在切线. 若切线与 x 轴正方向的夹角都是锐角，即切线的斜率 $f'(x)>0$，则曲线 $y=f(x)$ 必是严格增加，如图 5-2 所示；若切线与 x 轴正方向的夹角都是钝角，即切线的斜率 $f'(x)<0$，则曲线 $y=f(x)$ 必是严格减少，如图 5-3 所示. 数的符号能够判断函数的单调性. 有下面的定理：

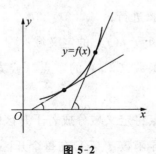

图 5-2

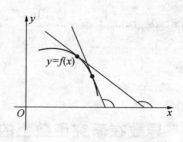

图 5-3

定理 1 设函数 $f(x)$ 在区间 I 可导，函数 $f(x)$ 在区间 I 单调增加（单调减少）$\Leftrightarrow \forall x \in I$，有 $f'(x) > 0$ ($f'(x) < 0$).

定理 2（严格单调的充分条件） 若函数 $f(x)$ 在区间 I 可导，$\forall x \in I$，有 $f'(x) > 0$ ($f'(x) < 0$)，则函数 $f(x)$ 在区间 I 严格增加（严格减少）.

定理 2 只是函数严格单调的充分条件而不是必要条件. 事实上，可以证明 $\forall x \in I$，$f'(x) \geqslant 0$ ($f'(x) \leqslant 0$)，而在区间 I 的任意子区间上 $f'(x)$ 不恒等于零 $\Leftrightarrow$ 函数 $f(x)$ 在区间 I 严格增加（严格减少）. 证明从略. 例如，函数 $f(x) = x^3$.

$\forall x \in R$，$f'(x) = 3x^2 \geqslant 0$，而使 $f'(x) = 3x^2 = 0$ 的点是孤立点 0. 于是，函数 $f(x) = x^3$ 在 R 严格增加.

根据定理 2，讨论可导函数 $f(x)$ 的严格单调区间可按下列步骤进行：

(1) 确定函数 $f(x)$ 的定义域；

(2) 求导函数 $f'(x)$ 的零点（或方程 $f'(x) = 0$ 的根）；

(3) 用零点将定义域分成若干开区间；

(4) 判断导函数 $f'(x)$ 在每个开区间的符号. 根

据定理 2，判定函数 $f(x)$ 严格增加或严格减少.

例 1 讨论函数 $f(x)=x^3-6x^2+9x-2$ 的严格单调性.

解：函数 $f(x)$ 的定义域是 R.
$$f'(x)=3x^2-12x+9=3(x-1)(x-3)$$

令 $f'(x)=0$，其根是 1 和 3，它们将 R 分成三个区间：
$$(-\infty, 1), (1, 3), (3, +\infty).$$

因为导函数 $f'(x)$ 在每个区间上的符号不变，所以 $f'(x)$ 在区间内某一点的符号就是导函数 $f'(x)$ 在该区间上的符号. 例如，$0\in(-\infty, 1)$，而 $f'(0)=9>0$，即导函数 $f'(x)$ 在区间 $(-\infty, 1)$ 是正号. 不难判别

$$f'(x)\begin{cases}>0, & x\in(-\infty, 1) \text{ 或 } (3, +\infty)\\ <0, & x\in(1, 3)\end{cases},$$

由定理 2，函数 $f(x)$ 在 $(-\infty, 1)$ 与 $(3, +\infty)$ 严格增加；在 $(1, 3)$ 严格减少，作表如下：

	$(-\infty, 1)$	$(1, 3)$	$(3, +\infty)$
$f'(x)$	$+$	$-$	$+$
$f(x)$	↗	↘	↗

其中符号"↗"表严格增加，"↘"表严格减少.

例 2 讨论函数 $f(x)=\sin x+x$ 的严格单调性.

解：函数 $f(x)$ 的定义域是 R.
$$f'(x)=\cos x+1$$

令 $f'(x)=\cos x+1=0$，其根是 $(2k+1)\pi$，$k\in z$，它们将 R 分成无限个区间 $((2k-1)\pi, (2k+1)\pi)$，

$k \in z$.

$\forall x \in R$, $f'(x) \geqslant 0$,而使 $f'(x)=0$ 的点 $(2k+1)\pi$, $k \in z$,都是 R 中孤立的点. 因此函数 $f(x)=\sin x+x$ 在 R 上也是严格增加. 作表如下：

	...	$(-5\pi, -3\pi)$	$(-3\pi, -\pi)$	$(-\pi, \pi)$	$(\pi, 3\pi)$	$(3\pi, 5\pi)$	...
$f'(x)$	...	+	+	+	+	+	...
$f(x)$	...	↗	↗	↗	↗	↗	...

二、函数的极值与最值

1. 函数极值的定义

定义 1 如果函数在点 x_0 的某一邻域内有定义,对该邻域内的任意 $x(x \neq x_0)$,总有 $f(x) < f(x_0)$,则称 $f(x_0)$ 为函数 $f(x)$ 的极大值,点 x_0 称为 $f(x)$ 的极大点；

如果 $f(x) > f(x_0)$,则称 $f(x_0)$ 为函数 $f(x)$ 的极小值,点 x_0 称为 $f(x)$ 的极小点.

极大值与极小值统称为**极值**,极大点与极小点称为**极值点**. 如图 5-4 所示.

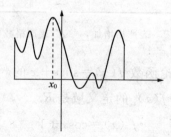

图 5-4

从图 5-4 可看出，函数在 x_0 处取得极大值，则 x 从 x_0 左侧靠近 x_0 时，$f(x)$ 是递增的，在 x_0 的右侧离开 x_0 时，$f(x)$ 是递减的．极大点可能是函数增减的转折点，极小点也有类似结论．

此外，从图形还可看出，如果函数在点 x_0 处取得极值，则过该点的切线平行于 x 轴．所以有 $f'(x)=0$．

2. 函数取得极值的必要条件

定理 3 若函数在 x_0 处可导，且在点 x_0 处取得极值，则 $f'(x)=0$．

定理表明，极值点有可能是驻点．

若函数在 x_0 处不可导，且在 x_0 处取得极值，则极值点就是不可导点．如图 5-5 所示．

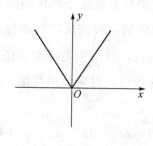

图 5-5

函数在 $x=0$ 处不可导，但取得了极小值，所以 $x=0$ 是不可导点．

总之，若连续函数 $f(x)$ 在 x_0 处取得极值，则 x_0 为驻点或不可导点．

3. 极值的求法

定理 4 极值的第一判别法

若函数 $f(x)$ 在 x_0 的邻域内连续，且 $f'(x_0)=0$

笔记区

(或 $f'(x_0)$ 不存在)，则

(1) 当 $x<x_0$ 时，$f'(x)>0$；当 $x>x_0$ 时，$f'(x)<0$，则函数 $f(x)$ 在 x_0 处取得极大值 $f(x_0)$.

(2) 当 $x<x_0$ 时，$f'(x)<0$；当 $x>x_0$ 时，$f'(x)>0$，则函数 $f(x)$ 在 x_0 处取得极小值 $f(x_0)$.

(3) 当 $x \neq x_0$ 时，$f'(x)<0$ 或 $f'(x)>0$，则函数 $f(x)$ 在 x_0 处无极值.

证明略.

综合上述，可归纳出求极值的一般步骤：

(1) 确定函数定义域并求出 $f'(x)$；

(2) 令 $f'(x)=0$ 求出驻点或不可导点；

(3) 用驻点及不可导点将函数的定义区间分成若干个小区间；

(4) 列表讨论导数在每个小区间的正负；

(5) 据极值的第一判别法，判断每个驻点或不可导点是否为极值点，并指明是极大点还是极小点；

(6) 求出各极值点对应的函数值，从而求得极大值或极小值.

例 3 $f(x)=2x^3-9x^2+12x-3$ 的极值

解：该函数的定义域为 $(-\infty,+\infty)$，且 $f'(x)=6x^2-18x+12=6(x-1)(x-2)$ 令 $f'(x)=0$，则 $x=1$，$x=2$

无不可导点.

$x=1$，$x=2$ 将 $(-\infty,+\infty)$ 分为区间 $(-\infty,1)$、$(1,2)$、$(2,+\infty)$

列表讨论如下：

x	$(-\infty, 1)$	1	$(1, 2)$	2	$(2, +\infty)$
$f'(x)$	正（+）	0	负（−）	0	正（+）
$f(x)$	递增	极大值 $f(1)=2$	递减	极小值 $f(2)=1$	递增

例 4 求 $y=x-\dfrac{3}{2}x^{\frac{2}{3}}$ 的极值.

解：函数定义域为 $(-\infty, +\infty)$，$y'=1-x^{-\frac{1}{3}}$ $=1-\dfrac{1}{\sqrt[3]{x}}$

令 $f'(x)=0$，得驻点 $x=1$，又从 $f'(x)$ 的解析式中看出，$x=0$ 是不可导点

$x=1$ 与 $x=0$ 将 $(-\infty, +\infty)$ 分为 $(-\infty, 0)$，$(0, 1)$，$(1, +\infty)$

列表讨论如下：

x	$(-\infty, 0)$	0	$(0, 1)$	1	$(1, +\infty)$
$f'(x)$	正（+）	不存在	负（−）	0	正（+）
$f(x)$	递增	极大值 0	递减	极小值 $-\dfrac{1}{2}$	递增

定理 5 极值的第二判别法

设函数 $f(x)$ 在 x_0 的邻域内具有一阶导数与二阶导数且 $f'(x_0)=0$，$f''(x_0)\neq 0$，则

(1) 若 $f''(x_0)<0$，则函数 $f(x)$ 在 x_0 处取得极大值 $f(x_0)$；

(2) 若 $f''(x_0)>0$，则函数 $f(x)$ 在 x_0 处取得极小值 $f(x_0)$；

(3) 若 $f''(x_0)=0$，则不能判断函数 $f(x)$ 在 x_0 处是否有极值.

(证明从略)

例5 求 $f(x)=x^3+3x^2-24x-20$ 的极值.

解：函数定义域为 $(-\infty,+\infty)$，且

$$f'(x)=3x^2+6x-24=3(x+4)(x-2)$$

令 $f'(x)=0$，得驻点 $x=2$，$x=-4$

求二阶导数 $f''(x)=6x+6=6(x+1)$

又 $f''(2)=18>0$，所以 $x=2$ 是极小点，极小值为 $f(2)=-48$. 又 $f''(-4)=-18<0$，所以 $x=-4$ 是极大点，极大值为 $f(-4)=60$.

应该指出，第二判别法在判定函数极值上比较简便，但它与第一判别法比较应用范围比较小，当 $f'(x_0)=f''(x_0)=0$ 时，第二判别法就不可再用，应改用第一判别法.

例如求函数 $f(x)=x^4-4x^3+6x^2-4x+4$ 的极值就只可用第一判别法. 请同学们试着用第二判别法去解，看会出现什么情况.

4. 函数的最值

在实际应用中，我们常要解决在一定条件下，怎样才能使投入最小，产出最多，成本最低，利润最大等问题，这些反映在数学上就是求函数最值的问题. 函数的最大值与最小值统称为函数的最值，函数的最值与函数的极值一般来说是有区别的，函数的最值是指在整个区间上所有函数值中的最大者或最小者，因而最值是全局性的概念，而极值只是函数在一点的某一邻域内的最大值与最小值，因而极值是一个局部性的概念，如果函数在闭区间 $[a,b]$ 上连续，则由最值定理知，函数在闭区间 $[a,b]$ 上必有最大值与最

小值，这些最值的取得可能在区间端点处，也可能在区间内的驻点或不可导点处，因而我们求函数的最值可采取如下方法：

(1) 求出 $f'(x)$；

(2) 令 $f'(x)=0$ 求出驻点或不可导点；

(3) 求出函数在驻点、不可导点以及区间端点处的函数值，并进行比较，其中最大的就是最大值，最小的就是最小值.

另外，在一些特殊情况下，可简便求出函数的最值.

(1) 如果函数在闭区间 $[a,b]$ 是单调增加的，则 $f(a)$ 为最小值，$f(b)$ 为最大值.

(2) 如果函数在闭区间 $[a,b]$ 上连续，且在 $[a,b]$ 上仅有唯一的一个极值，若是极大值，则此极大值必定是最大值，若是极小值，必定为最小值.

例 6 求函数 $f(x)=x^4-2x^2+5$ 在区间 $[-2,2]$ 上的最值.

解：求一阶导数 $f'(x)=4x^3-4x=4x(x^2-1)$

令 $f'(x)=0$，得驻点为 $x=0$, $x=\pm 1$.

计算驻点以及区间端点处的函数值如下：

$f(0)=5 \quad f(-1)=f(1)=4 \quad f(-2)=f(2)=13$，

比较上述五个函数值，得函数在给定区间上的最大值为 $f(-2)=f(2)=13$，最小值为 $f(-1)=f(1)=4$.

例 7 将边长为 a 的正方形铁皮的四角各截去相等的一小正方形，然后折起各边做成容积最大的无盖的方盒，问截去的小正方形的边长应是多少？

解：设小正方形的边长为 x，则盒底正面方形的边长为 $a-2x$，小盒的容积 V 为

$$V(x)=(a-2x)^2 x \quad \left(0<x<\frac{a}{2}\right)$$

于是该问题就化成求函数 $V(x)$ 在区间 $\left(0,\frac{a}{2}\right)$ 上的最大值问题.

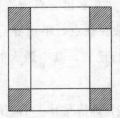

图 5-6

$$V'(x)=(a-2x)^2+2x(a-2x)\cdot(-2)$$
$$=(a-2x)^2-4x(a-2x)$$
$$=(a-2x)(a-6x)$$

令 $V'(x)=0$，得 $x=\frac{a}{2}$，$x=\frac{a}{6}$，

由于 $x=\frac{a}{2}$ 不合题意，故舍去，驻点为 $x=\frac{a}{6}$

$$V''(x)=2(a-6x)-6(a-2x)$$
$$=-8a+24x$$

$$V''\left(\frac{a}{6}\right)=-8a+\frac{24a}{6}=-8a+4a=-4a<0$$

所以，函数在点 $x=\frac{a}{6}$ 处取得极大值，这个极大值就是函数 $V(x)$ 的最大值，由此可知，当截去的小正方形的边长等于所给正方形铁皮边长的 $\frac{1}{6}$ 时，所做方盒的容积最大.

例8 某厂每批生产某种产品 x 个单位所需的费用（成本）为 $c(x)=5x+200$（元），得到的收益 $R(x)$

$=955x-\dfrac{5}{2}x^2$（元），问每批应生产多少个单位时，才能使利润最大？

解：设每批应生产 x 个单位，才能使利润最大，则利润 $L(x)$ 为：

$$L(x)=R(x)-c(x)$$
$$=955x-\dfrac{5}{2}x^2-5x-200$$
$$=950x-\dfrac{5}{2}x^2-200$$

$L'(x)=950-5x$

令 $L'(x)=0$，即 $950-5x=0$，解之得驻点 $x=190$，所以，每批生产 190 个单位时，才能使利润最大.

三、函数的凹凸性

1. 曲线的凹凸性及其判别法

从几何上看，有的曲线弧在其上任取两点，连接这两点的弦总位于这两点间的弧段的上方，如图 5-7(a) 所示. 而有的曲线弧，在其上任取两点，连接这两点的弦总位于这两点间的弧段的下方，如图 5-7(b) 所示. 曲线的这种性质就是曲线的凹凸性.

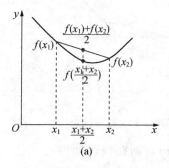
(a)

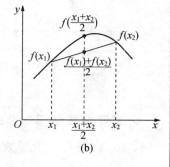
(b)

图 5-7

定义 2　设 $f(x)$ 在 (a,b) 内连续，如果对 (a,b) 内任意两点 x_1，x_2 恒有

$$f\left(\frac{x_1+x_2}{2}\right)<\frac{f(x_1)+f(x_2)}{2},$$

则称 $f(x)$ 在 (a,b) 内的图形是凹的．如果恒有

$$f\left(\frac{x_1+x_2}{2}\right)>\frac{f(x_1)+f(x_2)}{2}$$

则称 $f(x)$ 在 (a,b) 内的图形是凸的（如图 5-7 所示）．

对于凹曲线弧，切线的斜率随 x 增大而变大；对于凸曲线弧，切线的斜率随 x 增大而变小．由于切线的斜率就是函数 $y=f(x)$ 的导数，因此，凹的曲线弧，导数 $f'(x)$ 是单调增加的；凸的曲线弧，导数 $f'(x)$ 是单调减少的．反之，从几何直观上也可以看出，导数 $f'(x)$ 单调增加，曲线弧是凹的；导数 $f'(x)$ 单调减少，曲线弧是凸的（如图 5-8 所示）．

导数 $f'(x)$ 的单调性，可通过 $f''(x)$ 的正负号判定，于是利用二阶导数的符号，可以得到判定曲线凹凸的方法．

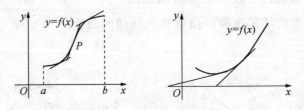

图 5-8

定理 6（曲线弧凹凸的判别法）　设函数 $f(x)$ 在 (a,b) 内具有二阶导数 $f''(x)$，则在该区间内

(1) 当 $f''(x)>0$ 时，曲线 $y=f(x)$ 是凹的；

(2) 当 $f''(x)<0$ 时，曲线 $y=f(x)$ 是凸的.

例 9 判断曲线 $y=\ln x$ 的凹凸性.

解：函数 $y=\ln x$ 的定义域为 $(0,+\infty)$，求导得 $y'=\dfrac{1}{x}$，$y''=-\dfrac{1}{x^2}$.

当 $x>0$ 时，$y''<0$，故曲线在整个定义域内是凸的.

例 10 判断曲线 $y=x^3$ 的凹凸性.

解：函数 $y=x^3$ 的定义域为 $(-\infty,+\infty)$，求导得 $y'=3x^2$，$y''=6x$.

当 $x<0$ 时，$y''<0$，故曲线在 $(-\infty,0)$ 内是凸的；当 $x>0$ 时，$y''>0$，故曲线在 $(0,+\infty)$ 内是凹的.

2. 曲线的拐点及其求法

定义 3 设函数 $y=f(x)$ 在所考虑的区间内是连续的，则曲线 $y=f(x)$ 的凹部与凸部的分界点称为曲线 $y=f(x)$ 的拐点.

如何来寻找曲线 $y=f(x)$ 的拐点呢？

根据曲线凹凸的判定法可知，若函数 $f(x)$ 在区间 (a,b) 内具有二阶连续导数 $f''(x)$，且 $f''(x)$ 在点 x_0 的左右两侧具有相反的符号，则点 $(x_0,f(x_0))$ 就是曲线 $y=f(x)$ 的拐点，且 $f''(x)=0$. 因此，曲线拐点的横坐标应该在使 $f''(x)=0$ 的点中去寻找.

例 11 求曲线 $y=3x^4-4x^3+1$ 的拐点及凹凸区间.

解：函数 $y=3x^4-4x^3+1$ 的定义域为 $(-\infty,+\infty)$，又

$$y'=12x^3-12x^2,$$

$$y'' = 36x^2 - 24x = 12x(3x-2)$$

解方程 $y''=0$，得 $x=0, \dfrac{2}{3}$．

用 $x=0, x=\dfrac{2}{3}$ 把函数的定义域 $(-\infty, +\infty)$ 分成部分区间，列表讨论如下：

x	$(-\infty, 0)$	0	$\left(0, \dfrac{2}{3}\right)$	$\dfrac{2}{3}$	$\left(\dfrac{2}{3}, +\infty\right)$
y''	+	0	−	0	+
y	凹	有拐点	凸	有拐点	凹

除了使 $y''=0$ 的点外，二阶导数不存在的点所对应的曲线上的点也可能是拐点．

四、曲线的渐近线

中学《平面解析几何》给出了双曲线 $\dfrac{x^2}{a^2}-\dfrac{y^2}{b^2}=1$ 的渐近线：$\dfrac{x}{a} \pm \dfrac{y}{b}=0$．我们虽然不能画出全部双曲线，但是有了渐近线，就能知道双曲线无限延伸时的走向及趋势．如果一条连续曲线存在渐近线，为了掌握这条连续曲线在无限延伸时的变化情况，求出它的渐近线是必要的．

定义4 当曲线 C 上动点 P 沿着曲线 C 无限远移时，若动点 P 到某直线 l 的距离无限趋近于 0，则称直线 l 是曲线 C 的渐近线．

曲线的渐近线有两种，一种是垂直渐近线；另一种是斜渐近线（包括水平渐近线）．

1. 垂直渐近线 若 $\lim\limits_{x \to a^+} f(x) = \infty$ 或 $\lim\limits_{x \to a^-} f(x) =$

∞，则直线 $x=a$ 是曲线 $y=f(x)$ 的垂直渐近线（垂直于 x 轴）.

例如，曲线 $f(x)=\dfrac{1}{(x-1)(x-2)}$，有

$$\lim_{x\to 1^+}\frac{1}{(x-1)(x-2)}=-\infty, \lim_{x\to 1^-}\frac{1}{(x-1)(x-2)}=+\infty,$$

$$\lim_{x\to 2^+}\frac{1}{(x-1)(x-2)}=+\infty, \lim_{x\to 2^-}\frac{1}{(x-1)(x-2)}=-\infty,$$

则两条直线 $x=1$ 与 $x=2$ 都是曲线的垂直渐近线.

再例如，曲线 $y=\tan x$ 有无限多条垂直渐近线 $x=k\pi+\dfrac{\pi}{2}$，$k\in Z$.

2. 斜渐近线 设直线 $y=kx+b$ 是曲线 $y=f(x)$ 的斜渐近线，怎样确定常数 k 和 b 呢？

由已知的点到直线的距离公式，曲线 $y=f(x)$ 上点 $(x,f(x))$ 到直线 $y=kx+b$ 的距离

$$d=\frac{|f(x)-kx-b|}{\sqrt{1+k^2}}.$$

直线 $y=kx+b$ 是曲线 $y=f(x)$ 的渐近线

$$\Leftrightarrow \lim_{\substack{x\to +\infty \\ (x\to -\infty)}} \frac{|f(x)-kx-b|}{\sqrt{1+k^2}}=0$$

$$\Leftrightarrow \lim_{\substack{x\to +\infty \\ (x\to -\infty)}} [f(x)-kx-b]=0$$

$$\Leftrightarrow \lim_{\substack{x\to +\infty \\ (x\to -\infty)}} [f(x)-kx]=b.$$

若知道 k，则由上式即可求得 b. 怎样求 k 呢？

已知 $\lim\limits_{\substack{x\to +\infty \\ (x\to -\infty)}} \dfrac{1}{x}=0$，由上式与极限运算法则，有

$$\lim_{\substack{x\to +\infty \\ (x\to -\infty)}} \frac{f(x)-kx}{x}=0,$$

即 $\lim\limits_{\substack{x\to +\infty \\ (x\to -\infty)}} \left(\dfrac{f(x)}{x}-k\right)=0$ 或 $\lim\limits_{\substack{x\to +\infty \\ (x\to -\infty)}} \dfrac{f(x)}{x}=k.$

于是，直线 $y=kx+b$ 是曲线 $y=f(x)$ 的渐近线 $\Leftrightarrow$

$$k=\lim_{\substack{x\to+\infty\\(x\to-\infty)}}\frac{f(x)}{x} \text{ 与 } b=\lim_{\substack{x\to+\infty\\(x\to-\infty)}}[f(x)-kx].$$

若 $k=0$，在直线 $y=b$ 是曲线 $y=f(x)$ 的渐近线.

例 12 求曲线 $f(x)=\dfrac{(x-3)^2}{4(x-1)}$ 的渐近线.

解：已知 $\lim\limits_{x\to 1^+}\dfrac{(x-3)^2}{4(x-1)}=+\infty$，$\lim\limits_{x\to 1^-}\dfrac{(x-3)^2}{4(x-1)}=-\infty$，则 $x=1$ 是曲线的垂直渐近线. 又有

$$k=\lim_{x\to\infty}\frac{f(x)}{x}=\lim_{x\to\infty}\frac{(x-3)^2}{4x(x-1)}=\frac{1}{4}$$

$$b=\lim_{x\to\infty}[f(x)-kx]=\lim_{x\to\infty}\left[\frac{(x-3)^2}{4(x-1)}-\frac{x}{4}\right]$$

$$=\lim_{x\to\infty}\frac{x^2-6x+9-x^2+x}{4(x-1)}=\lim_{x\to\infty}\frac{-5x+9}{4(x-1)}=-\frac{5}{4}.$$

直线 $y=\dfrac{1}{4}x-\dfrac{5}{4}$，即 $x-4y=5$ 是曲线的斜渐近线.

例 13 求曲线 $f(x)=\dfrac{x^2+2x-1}{x}$ 的渐近线.

解：已知 $\lim\limits_{x\to 0^+}\dfrac{x^2+2x-1}{x}=-\infty$，

$\lim\limits_{x\to 0^-}\dfrac{x^2+2x-1}{x}=+\infty$，则 $x=0$（即 y 轴）是曲线的垂直渐近线. 又有

$$k=\lim_{x\to\infty}\frac{f(x)}{x}=\frac{x^2+2x-1}{x^2}=1$$

$$b=\lim_{x\to\infty}[f(x)-kx]=\lim_{x\to\infty}\left(\frac{x^2+2x-1}{x}-x\right)$$

$$=\lim_{x\to\infty}\frac{2x-1}{x}=2.$$

直线 $y=x+2$ 是曲线的斜渐近线.

例 14 求曲线 $y=x\arctan x$ 的渐近线.

解：$x \to +\infty$，有

$$k_1 = \lim_{x \to +\infty} \frac{x\arctan x}{x} = \frac{\pi}{2},$$

$$b_1 = \lim_{x \to +\infty}\left(x\arctan x - \frac{\pi}{2}x\right)$$

$$= \lim_{x \to +\infty} \frac{\arctan x - \frac{\pi}{2}}{\frac{1}{x}} = \lim_{x \to +\infty} \frac{\frac{1}{1+x^2}}{-\frac{1}{x^2}} = -1.$$

$x \to -\infty$，有

$$k_2 = \lim_{x \to -\infty} \frac{x\arctan x}{x} = -\frac{\pi}{2},$$

$$b_2 = \lim_{x \to -\infty}\left(x\arctan x + \frac{\pi}{2}x\right) = -1.$$

则曲线 $y=x\arctan x$，当 $x \to +\infty$ 有渐近线 $y=\frac{\pi}{2}x-1$；当 $x \to -\infty$ 与渐近线 $y=-\frac{\pi}{2}x-1$.

五、描绘函数图像

中学"数学"应用描点法描绘了一些简单函数的图像，但是，描点法有缺陷. 这是因为所选取的点不可能很多，而一些关键性的点，如极值点、拐点等可能漏掉；曲线的单调性、凸凹性等一些重要的性态也没有掌握. 因此，用描点法所描绘的函数图像常常与真实的函数图像相差很多. 现在，我们已经掌握了应用导数讨论函数的单调性、极值性、凸凹性、拐点等的方法，从而就能比较准确地描绘函数的图像. 一般来说，描绘函数的图像可按下列的步骤进行：

笔记区

1. 确定函数 $y=f(x)$ 的定义域.

2. 考察函数 $y=f(x)$ 是否具有某些特性（奇偶性、周期性）.

3. 考察函数 $y=f(x)$ 是否有垂直渐近线、斜渐近线（包括水平渐近线），如果有渐近线，将渐近线求出来.

4. 求出函数 $y=f(x)$ 的单调区间、极值，列表.

5. 求出函数 $y=f(x)$ 的凸凹区间和拐点，列表.

6. 确定一些特殊点，如曲线 $y=f(x)$ 与坐标轴的交点，以及容易计算函数值 $f(x)$ 的一些点 $(x, f(x))$.

在直角坐标系中，首先标明所有关键性点的坐标，画出渐近线，其次按照曲线的性态逐段描绘.

例 15 描绘函数 $f(x)=\dfrac{(x-3)^2}{4(x-1)}$ 的图像.

解：定义域是 $(-\infty, 1) \cup (1, +\infty)$

由例 12 知，有垂直渐近线 $x=1$ 与斜渐近线 $x-4y=5$.

$$f'(x)=\frac{(x+1)(x-3)}{4(x-1)^2}, \quad f''(x)=\frac{2}{(x-1)^3}.$$

令 $f'(x)=0$，解得稳定点 -1 和 3，它们将定义域分成四个区间 $(-\infty, -1)$，$(-1, 1)$，$(1, 3)$，$(3, +\infty)$.

令 $f''(x)=0$，无解，即没有拐点.

列表如下：

	$(-\infty, -1)$	-1	$(-1, 1)$	$(1, 3)$	3	$(3, +\infty)$
$f'(x)$	$+$	0	$-$	$-$	0	$+$
$f''(x)$	$-$	$-$	$-$	$+$	$+$	$+$
$f(x)$	↗	极大点	↘	↘	极小点	↗
	严凹		严凹	严凸		严凸

-1 是极大点,极大值是 -2;3 是极小点,极小值是 0;$f(0) = -\dfrac{9}{4}$,$f(2) = \dfrac{1}{4}$.

此函数的图像如下所示:

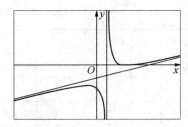

例 16 描绘函数 $f(x) = \dfrac{x^3 - 3x^2 + 3x + 1}{x - 1}$ 的图像.

解:函数 $f(x)$ 的定义域是 $(-\infty, 1) \cup (1, +\infty)$.

将 $f(x)$ 改写为

$$f(x) = (x-1)^2 + \dfrac{2}{x-1}$$

因为 $\lim\limits_{x \to 1^-} f(x) = -\infty$ 与 $\lim\limits_{x \to 1^+} f(x) = +\infty$,所以 $x = 1$ 是垂直渐近线.

因为 $\lim\limits_{x \to \infty} \dfrac{2}{x-1} = 0$,所以,当 $x \to \infty$ 时,函数 $f(x)$ 的图像无限接近于抛物线 $y = (x-1)^2$. 当 $x > 1$ 时,函数 $f(x)$ 的图像位于抛物线 $y = (x-1)^2$ 的上方;

当 $x<1$ 时，函数 $f(x)$ 的图像位于抛物线 $y=(x-1)^2$ 的下方．

求函数 $f(x)$ 的一阶导数和二阶导数：
$$f'(x)=\frac{2[(x-1)^3-1]}{(x-1)^2} \text{ 与 } f''(x)=\frac{2[(x-1)^3+2]}{(x-1)^3}.$$

令 $f'(x)=0$，解得稳定点是 2．

令 $f''(x)=0$，其解是 $x=1+\sqrt[3]{-2}$．

设 $a=1+\sqrt[3]{-2}$，则 a 与 1 和 2 将定义域分成四个区间：$(-\infty,a)$，$(a,1)$，$(1,2)$，$(2,+\infty)$．

列表如下：

	$(-\infty,a)$	a	$(a,1)$	$(1,2)$	2	$(2,+\infty)$
$f'(x)$	−	−	−	−	0	+
$f''(x)$	+	0	−	+	+	+
$f(x)$	↘		↘	↘	极小点	↗
	严凸	拐点	严凹	严凸		严凸

2 是极小点，极小值是 3，拐点是 $(1+\sqrt[3]{-2},0)$．

首先画出渐近线 $x=1$ 和抛物线 $y=(x-1)^2$ 以及极小点、拐点等重要点的坐标，其次根据函数 $f(x)$ 的性态，描绘出函数 $f(x)$ 的图像（如下图所示）．

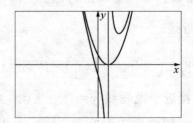

第五章 复习题

一、选择题

1. 函数 $y=\dfrac{x}{x+1}$ 的单调增加区间是（　　）.

    A. $(-\infty,-1)\cup(-1,+\infty)$ 　B. $(-1,1)$

    C. $(0,3)$ 　D. $(-2,0)$

2. 满足方程 $f'(x)=0$ 的点一定是函数 $y=f(x)$ 的（　　）.

    A. 极值点 　B. 拐点

    C. 驻点 　D. 间断点

3. 设函数 $f(x)$ 在区间 (a,b) 内连续，$x_0\in(a,b)$ 且 $f'(x_0)=f''(x_0)=0$，则函数在 $x=x_0$ 处（　　）.

    A. 取得极大值

    B. 取得极小值

    C. 一定有拐点 $(x_0, f(x_0))$

    D. 可能有极值，也可能有拐点

4. 设函数 $f(x)=ax^3-(ax)^2-ax-a$ 在 $x=1$ 处取得极大值 -2，则 $a=$（　　）.

    A. 1 　B. $\dfrac{1}{3}$

    C. 0 　D. $-\dfrac{1}{3}$

5. 函数 $f(x)$ 在点 x_0 取得极值，则必有（　　）.

    A. $f''(x_0)=0$

B. $f''(x_0) \neq 0$

C. $f'(x_0) = 0$ 且 $f''(x_0) \neq 0$

D. $f'(x_0) = 0$ 或 $f'(x_0)$ 不存在

6. 函数 $y = x + \sqrt{1-x}$ 在区间 $[-5, 1]$ 的最大值点为（   ）.

A. $x = -5$ B. $x = 1$

C. $x = \dfrac{3}{4}$ D. $x = \dfrac{5}{8}$

7. 函数 $y = x^3 + 1$ 在区间 $(0, +\infty)$ 内（   ）.

A. 上升凸   B. 上升凹

C. 下降凸   D. 下降凹

8. 曲线 $y = x^4 - 2x^3$ 的拐点是（   ）.

A. $(0, 0)$ B. $(0, 1)$

C. $(1, 0)$ D. $(0, 0)$ 和 $(1, -1)$

9. 曲线 $y = x + x^{\frac{5}{3}}$ 在区间（   ）内是凸的.

A. $(-\infty, 0)$ B. $(0, +\infty)$

C. $(-\infty, +\infty)$ D. 以上都不对

10. 下列求极限问题中能使用洛比达法则的是（   ）.

A. $\lim\limits_{x \to \infty} \dfrac{x + \sin x}{x}$ B. $\lim\limits_{x \to 0} \dfrac{\cos x}{x}$

C. $\lim\limits_{x \to +\infty} \dfrac{x}{e^x}$ D. $\lim\limits_{x \to +\infty} \dfrac{\sqrt{1+x^2}}{x}$

二、填空题

1. 曲线 $y = 2 + 5x - 3x^3$ 的拐点是 _____.

2. 函数 $y = \ln\sqrt{2x-1}$ 的单调增加区间是 _____.

3. 若点 $(1, 3)$ 是曲线 $y = ax^3 + bx^2$ 的拐点，则 $a = $ _____，$b = $ _____.

4. 函数 $y=x-\ln(1+x)$ 在区间 _____ 内单调减少，在区间 _____ 内单调增加.

5. 当 $x=4$ 时，函数 $y=x^2+px+q$ 取得极值，则 $p=$ _____.

6. 若 $f'(x_0)=0$，则称点 x_0 是函数 $f(x)$ 的 _____.

7. 曲线 $y=(x-2)^{\frac{5}{3}}$ 的凸区间为 _____.

8. $f'(x)$ 变号点是 $f(x)$ 的 _____.

9. 函数 $f(x)=\sqrt{2x+1}$ 在区间 $[0,4]$ 上的最大值是 _____，最小值是 _____.

三、判断题

1. 若 $f'(x_0)=0$，则点 x_0 是函数 $f(x)$ 的极值点. （ ）

2. $f(x)$ 的极值点一定是驻点或不可导点，反之则不成立. （ ）

3. 若函数 $f(x)$ 在区间 (a,b) 内仅有一个驻点，则该点一定是函数的极值点. （ ）

4. 设 x_1，x_2 分别是函数 $f(x)$ 的极大值点和极小值点，则必有 $f(x_1)>f(x_2)$. （ ）

5. 函数 $y=f(x)$ 在区间 (a,b) 内二阶导数存在，且 $y'<0$，$y''>0$，则曲线 $y=f(x)$ 在区间 (a,b) 内是单调递减且凹的. （ ）

四、计算题

1. 求下列极限

(1) $\lim\limits_{x\to 0}\dfrac{e^x-1-x}{x}$

(2) $\lim\limits_{x\to 0}\left(\dfrac{1}{x}-\dfrac{1}{e^x-1}\right)$

(3) $\lim\limits_{x\to +\infty}\left(\dfrac{\pi}{2}-\arctan x\right)$

(4) $\lim\limits_{x\to 0}\dfrac{\ln(1+\sin 3x)}{\tan 2x}$

2. 求函数 $y = \sqrt[3]{(x^2-2x)^2}$ 在区间 $[0,3]$ 内的极大值、极小值和最大值、最小值.

3. 设函数 $f(x) = a\ln x + bx^2 + x$ 在 $x_1 = 1$ 和 $x_2 = 2$ 处有极值. 试确定 a 与 b 之值，并问 $f(x)$ 在 x_1 和 x_2 处是取极大值还是取极小值？

4. 求 $y = xe^{-x}$ 凹凸区间和拐点.

5. 某种窗户的截面是矩形加半圆，求窗口周长 c 一定，半圆的半径取何值时，截面面积最大？

6. 生产 Q 台黑白电视机的成本 $C = 5000 + 250Q - \frac{1}{100}Q^2$，收入是 $R = 400Q - \frac{2}{100}Q^2$，假设生产的所有电视机都能售出，应该生产多少台电视机才能获利最大？

数学史话

数学分析奠基人——柯西

柯西（Augustin Louis Cauchy，1789-1875）是法国数学家。1789年8月21日出生于巴黎，1857年5月23日卒于附近的索镇。他出生于高级官员家庭，其父曾任法国参议院秘书长，从小受过良好的教育。在孩提时期，他就接触到 P. S. 拉普拉斯、拉格朗日这样一些大数学家。1805年入巴黎综合工科学校，1807年就读于道路桥梁工程学校，1809年称为工程师，随后在运河、桥梁、海港等工程部门工作。1813年回到巴黎，任教于巴黎综合工科学校。由于他在数学和数学物理方面的杰出成就，1816年取得教授职位，同年，被任命为法国科学院院士。此外，他还拥有巴黎大学理学院和法兰西学院的教授席位。

1830年，波旁王朝被推翻，柯西拒绝宣誓效忠新的国王，因此失去了所有的职位。他自行出走，先到瑞士的弗里堡，后被前国王召到布拉格，协助宫廷教育，1838年回到巴黎，继任巴黎综合工科学校教授，并恢复了在科学院的活动。1848年任巴黎大学教授。

柯西对数学的最大贡献是在微积分中引入了清晰和严格的表述与证明方法。使微积分摆脱了对于几何与运动的直观理解和物理解释,从而形成了微积分的现代体系。

柯西首先把无穷小量简单地定义为一个以零为极限的变量,他还定义了上、下极限,最早证明了极限

$$\lim_{n\to\infty}\left(1+\frac{1}{n}\right)^n$$

的存在性,并在其中第一次使用极限符号。他对微积分的见解被普遍接受并沿用至今。

柯西是一位多产的数学家,一生共发表论文 800 余篇,著书 7 本。《柯西全集》共有 27 卷。柯西的著作朴实无华,有思想,有创见。他所发现、创立的定理和公式,往往是一些最简单、最基本的事实。因而,他的数学成就影响广泛,意义深远。

第六章 不定积分

　　数学发展的动力主要来源于社会发展的环境力量. 17 世纪，微积分的创立首先是为了解决当时数学面临的四类核心问题，即求曲线的长度、曲线围成的面积、曲面围成的体积、物体的重心和引力，等等. 此类问题的研究具有久远的历史，例如古希腊人曾用穷竭法求出了某些图形的面积和体积，我国南北朝时期的祖冲之和他的儿子也曾推导出某些图形的面积和体积. 在欧洲，对此类问题的研究兴起于 17 世纪，先是穷竭法被逐渐修改，后来由于微积分的创立彻底改变了解决这一大类问题的方法.

　　由求运动速度、曲线的切线和极值等问题产生了导数和微分，构成了微积分学的微分学部分；同时由已知速度求路程、已知切线求曲线以及上述求面积与体积等问题，产生了不定积分和定积分，构成了微积分学的积分学部分.

　　前面已经介绍了已知函数求导数的问题，现在我们要考虑其反问题：已知导数来求其函数，即求一个未知函数，使其导数恰好是某一已知函数. 这种由导数或微分求原函数的逆运算称为不定积分. 本章将介绍不定积分的概念及其计算方法.

§6.1 不定积分的概念与性质

一、原函数的概念

从微分学知道：若已知曲线方程 $y=f(x)$，则可求出该曲线在任一点 x 处的切线的斜率 $k=f'(x)$.

例如，曲线 $y=x^2$ 在点 x 处的切线的斜率 $k=2x$.

现在要解决其逆问题：

已知曲线上任意一点 x 的切线的斜率，要求该曲线的方程. 为此，我们引进原函数的概念.

定义 1 设 $f(x)$ 是定义在区间 I 上的函数，若存在函数 $F(x)$，使得对任意 $x \in I$ 均有
$$F'(x)=f(x) \text{ 或 } dF(x)=f(x)dx,$$
则称 $F(x)$ 为 $f(x)$ 在区间 I 上的原函数.

例如，因为 $(\sin x)'=\cos x$，故 $\sin x$ 是 $\cos x$ 的一个原函数.

因为 $(x^2)'=2x$，故 x^2 是 $2x$ 的一个原函数.

因为 $(x^2+1)'=2x$，故 x^2+1 是 $2x$ 的一个原函数.

......

从上述后面两个例子可见：一个函数的原函数不是唯一的.

事实上，若 $F(x)$ 为 $f(x)$ 在区间 I 上的原函数，则有

$F'(x)=f(x)$,$[F(x)+C]'=f(x)$（C 为任意常数）.
从而，$F(x)+C$ 也是 $f(x)$ 在区间 I 上的原函数.

一个函数的任意两个原函数之间相差一个常数.

事实上，设 $F(x)$ 和 $G(x)$ 都是 $f(x)$ 的原函数，则
$$[F(x)-G(x)]'=F'(x)-G'(x)$$
$$=f(x)-f(x)=0$$
即 $F(x)-G(x)=C$（C 为任意常数）.

原函数的存在性将在下一章讨论，这里先介绍一个结论：

定理 1　区间 I 上连续的函数一定有原函数.

注：求函数 $f(x)$ 的原函数，实质上就是问它是由什么函数求导得来的，而一旦求得 $f(x)$ 的一个原函数 $F(x)$，则其全体原函数为 $F(x)+C$（C 为任意常数）.

二、不定积分的概念

定义 2　在某区间 I 上的函数 $f(x)$，若存在原函数，则称 $f(x)$ 为可积函数，并将 $f(x)$ 的全体原函数记为
$$\int f(x)\mathrm{d}x$$
称它是函数 $f(x)$ 在区间 I 内的不定积分，其中 $\int$ 称为积分符号，$f(x)$ 称为被积函数，x 称为积分变量.

由定义知，若 $F(x)$ 为 $f(x)$ 的原函数，则
$$\int f(x)\mathrm{d}x=F(x)+C\text{（}C\text{ 为积分常数）}.$$

注：函数 $f(x)$ 的原函数 $F(x)$ 的图形称为 $f(x)$

的积分曲线.

由定义知，求函数 $f(x)$ 的不定积分，就是求 $f(x)$ 的全体原函数，在 $\int f(x)\mathrm{d}x$ 中，积分号 $\int$ 表示对函数 $f(x)$ 实行求原函数的运算，故求不定积分的运算实质上就是求导（或求微分）运算的逆运算.

例1 求下列不定积分

(1) $\int x^3 \mathrm{d}x$； (2) $\int \dfrac{1}{x^2}\mathrm{d}x$； (3) $\int \dfrac{1}{1+x^2}\mathrm{d}x$.

解：(1) 因为 $\left(\dfrac{x^4}{4}\right)' = x^3$，所以 $\dfrac{x^4}{4}$ 是 x^3 的一个原函数，从而

$$\int x^3 \mathrm{d}x = \dfrac{x^4}{4} + C \ (C\text{ 为积分常数}).$$

(2) 因为 $\left(-\dfrac{1}{x}\right)' = \dfrac{1}{x^2}$，所以 $-\dfrac{1}{x}$ 是 $\dfrac{1}{x^2}$ 的一个原函数，从而

$$\int \dfrac{1}{x^2} \mathrm{d}x = -\dfrac{1}{x} + C \ (C\text{ 为积分常数}).$$

(3) 因为 $(\arctan x)' = \dfrac{1}{1+x^2}$，所以 $\arctan x$ 是 $\dfrac{1}{1+x^2}$ 的一个原函数，从而

$$\int \dfrac{1}{1+x^2} \mathrm{d}x = \arctan x + C \ (C\text{ 为积分常数}).$$

例2 已知曲线 $y = f(x)$ 在任一点 x 处的切线斜率为 $2x$，且曲线通过点 $(1, 2)$，求此曲线的方程.

解：根据题意知，

$$f'(x) = 2x,$$

即 $f(x)$ 是 $2x$ 的一个原函数，从而
$$f(x) = \int 2x \mathrm{d}x = x^2 + C$$
现要在上述积分曲线中选出通过点（1，2）的那条曲线，由曲线通过点（1，2）得
$$2 = 1^2 + C，即 C = 1，$$
故所求曲线方程为 $y = x^2 + 1$.

三、基本积分表

根据不定积分的定义，由导数或微分基本公式，即可得到不定积分的基本公式．这里我们列出基本积分表，请读者务必熟记．因为许多不定积分最终归结为这些基本积分公式．

(1) $\int k \mathrm{d}x = kx + C$（$k$ 是常数）

(2) $\int x^\mu \mathrm{d}x = \dfrac{x^{\mu+1}}{\mu+1} + C$ ($\mu \neq -1$)

(3) $\int \dfrac{1}{x} \mathrm{d}x = \ln|x| + C$

(4) $\int \dfrac{1}{1+x^2} \mathrm{d}x = \arctan x + C$

(5) $\int \dfrac{1}{\sqrt{1-x^2}} \mathrm{d}x = \arcsin x + C$

(6) $\int a^x \mathrm{d}x = \dfrac{a^x}{\ln a} + C$

(7) $\int \mathrm{e}^x \mathrm{d}x = \mathrm{e}^x + C$

(8) $\int \cos x \mathrm{d}x = \sin x + C$

(9) $\int \sin x \mathrm{d}x = -\cos x + C$

(10) $\int \sec^2 x \, dx = \tan x + C$

(11) $\int \csc^2 x \, dx = -\cot x + C$

四、不定积分的性质

由不定积分的定义知，若 $F(x)$ 为 $f(x)$ 在区间 I 的原函数，即

$$F'(x) = f(x) \text{ 或 } dF(x) = f(x)dx$$

则 $f(x)$ 在区间 I 内的不定积分为

$$\int f(x) dx = F(x) + C.$$

易见 $\int f(x) dx$ 是 $f(x)$ 的原函数，故有：

性质 1 $\dfrac{d}{dx}\left[\int f(x) dx\right] = f(x)$ 或

$$d\left[\int f(x) dx\right] = f(x) dx.$$

又由于 $F(x)$ 是 $F'(x)$ 的原函数，故有

性质 2 $\int F'(x) dx = F(x) + C$ 或

$$\int dF(x) dx = F(x) + C.$$

注：由上可见微分运算与积分运算是互逆的．两个运算在一起时，$d\int$ 完全抵消，$\int d$ 抵消后相差一常数．

利用微分运算法则和不定积分的定义，可得下列运算性质：

性质 3 两函数代数和的不定积分，等于它们各自积分的代数和，即

$$\int [f(x) \pm g(x)] \mathrm{d}x = \int f(x) \mathrm{d}x \pm \int g(x) \mathrm{d}x.$$

证明：

$$\left[\int f(x) \mathrm{d}x \pm \int g(x) \mathrm{d}x \right]'$$
$$= \left[\int f(x) \mathrm{d}x \right]' \pm \left[\int g(x) \mathrm{d}x \right]'$$
$$= f(x) \pm g(x).$$

注： 此性质可推广到有限多个函数之和的情形.

性质 4 求不定积分时，非零常数因子可提到积分号外面，即

$$\int kf(x) \mathrm{d}x = k \int f(x) \mathrm{d}x \ (k \neq 0).$$

证明：

$$\left[k \int f(x) \mathrm{d}x \right]' = k \left[\int f(x) \mathrm{d}x \right]'$$
$$= kf(x) = \left[\int kf(x) \mathrm{d}x \right]'.$$

五、积分的应用模型实例——在经济分析中的应用

由于经济函数的边际就是经济函数的导数，所以，由经济函数的边际通过计算不定积分，即可求出经济函数. 步骤如下：

(1) 对边际求不定积分.

(2) 由给出的初始条件定出不定积分中的任意常数 C.

$C(0) = c_0$（固定成本）.

$R(0) = 0$（即产量为 0 时的收入为 0）.

$L(0) = R(0) - C(0) = -c_0$（固定成本的负值）.

例 9 已知某产品的边际平均成本

笔记区

$(\overline{C})' = -0.02x + 1.5$，$\overline{C}(100) = 300$，求平均成本 $\overline{C}(x)$ 和总成本 $C(x)$.

解：

$$\text{平均成本}\,\overline{C}(x) = \int (-0.02x + 1.5)\mathrm{d}x$$
$$= -0.01x^2 + 1.5x + c$$

由 $\overline{C}(100) = 300$ 得，$300 = -0.01 \times 10000 + 150 + c$.

∴ $c = 250$，

故 平均成本 $\overline{C}(x) = -0.01x^2 + 1.5x + 250$

从而

$$C(x) = x\overline{C}(x) = -0.01x^3 + 1.5x^2 + 250x$$

例 10 某产品的边际收入 $R'(x) = 26 - 3x$（万元/吨），边际成本 $C'(x) = 6 + 2x$，固定成本 $C_0 = 25$ 万元，求最大利润.

解：$L'(x) = R'(x) - C'(x)$
$$= 26 - 3x - 6 - 2x$$
$$= 20 - 5x.$$

令 $L'(x) = 0$，得到最大利润产量 $x = 4$.

且 $L(x) = \int L'(x)\mathrm{d}x = \int (20 - 5x)\mathrm{d}x = 20x - 2.5x^2 + C.$

由 $L(0) = -C_0 = -25$，得 $C = -25$.

∴ $L(x) = 20x - 2.5x^2 - 25.$

故 $L(4) = 20 \times 4 - 2.5 \times 16 - 25 = 15$（万元）

练习题 6.1

一、填空题

(1) 函数 x^2 的原函数是 _____ .

(2) 函数 x^2 是函数 _____ 的原函数.

(3) 函数 $\cos 2x$ 的原函数是 _____ .

(4) 函数 $\cos 2x$ 是函数 _____ 的原函数.

二、 一曲线通过点 $(e^2, 3)$，且任一点处切线的斜率等于该点横坐标的导数，求该曲线的方程.

三、求下列不定积分

(1) $\int x^2 \sqrt[3]{x} \, dx$；

(2) $\int \dfrac{(x-3)^2}{\sqrt{x}} \, dx$；

(3) $\int (2^x + e^x) \, dx$；

(4) $\int \dfrac{e^x}{10^x} \, dx$；

(5) $\int \dfrac{\cos 2x}{\cos x - \sin x} \, dx$

§6.2 直接积分法

在求积分问题中，可以直接按积分基本公式和性质求出结果. 但有时，被积函数常需要经过适当的恒等变形（包括代数和三角的恒等变形）设法化被积函数为和式，再利用积分的性质，然后按基本公式求出结果，这样的积分方法，叫做直接积分法.

例1 算不定积分 $\int(x^2+2x-7)\mathrm{d}x$，有

$$\int(x^2+2x-7)\mathrm{d}x = \int x^2\mathrm{d}x + \int 2x\mathrm{d}x - \int 7\mathrm{d}x$$
$$= \frac{x^3}{3} + x^2 - 7x + C.$$

注：每个积分号都含有任意常数，但由于这些任意常数之和仍是任意常数，因此，只要总的写出一个任意常数 C 即可.

例2 求 $\int \tan^2 x \mathrm{d}x$.

解：$\int \tan^2 x \mathrm{d}x = \int(\sec^2 x - 1)\mathrm{d}x$
$$= \int \sec^2 x \mathrm{d}x - \int \mathrm{d}x$$
$$= \tan x - x + C.$$

例3 求不定积分 $\int \dfrac{1}{x\sqrt[3]{x}}\mathrm{d}x$.

解：$\int \dfrac{1}{x\sqrt[3]{x}}\mathrm{d}x = \int x^{-\frac{4}{3}}\mathrm{d}x$
$$= \frac{1}{-\frac{4}{3}+1} x^{-\frac{4}{3}+1} + C$$
$$= -3x^{-\frac{1}{3}} + C.$$

例4 求不定积分 $\int 2^x \mathrm{e}^x \mathrm{d}x$.

解：$\int 2^x \mathrm{e}^x \mathrm{d}x = \int (2\mathrm{e})^x \mathrm{d}x$
$$= \frac{(2\mathrm{e})^x}{\ln(2\mathrm{e})} + C$$
$$= \frac{2^x \mathrm{e}^x}{1+\ln 2} + C.$$

例5 求不定积分 $\int \left(\dfrac{x}{2}+\dfrac{2}{x}\right)\mathrm{d}x$.

解：$\int \left(\dfrac{x}{2}+\dfrac{2}{x}\right)\mathrm{d}x = \int \dfrac{x}{2}\mathrm{d}x + \int \dfrac{2}{x}\mathrm{d}x$

$\qquad\qquad = \dfrac{1}{2}\int x\mathrm{d}x + 2\int \dfrac{1}{x}\mathrm{d}x$

$\qquad\qquad = \dfrac{x^2}{4} + 2\ln|x| + C.$

例6 求不定积分 $\int \dfrac{2x^2}{1+x^2}\mathrm{d}x$.

解：$\int \dfrac{2x^2}{1+x^2}\mathrm{d}x = 2\int \dfrac{1+x^2-1}{1+x^2}\mathrm{d}x$

$\qquad\qquad = 2\int \left(1 - \dfrac{1}{1+x^2}\right)\mathrm{d}x$

$\qquad\qquad = 2\int \mathrm{d}x - 2\int \dfrac{1}{1+x^2}\mathrm{d}x$

$\qquad\qquad = 2x - 2\arctan x + C.$

例7 求不定积分 $\int \tan^2 x\mathrm{d}x$.

解：$\int \tan^2 x\mathrm{d}x = \int (\sec^2 x - 1)\mathrm{d}x$

$\qquad\qquad = \int \sec^2 x\mathrm{d}x - \int 1\mathrm{d}x$

$\qquad\qquad = \tan x - x + C.$

例8 求不定积分 $\int \dfrac{1}{\sin^2 x\cos^2 x}\mathrm{d}x$.

解：$\int \dfrac{1}{\sin^2 x\cos^2 x}\mathrm{d}x = \int \dfrac{\sin^2 x + \cos^2 x}{\sin^2 x\cos^2 x}\mathrm{d}x$

$\qquad\qquad = \int \dfrac{1}{\cos^2 x}\mathrm{d}x + \int \dfrac{1}{\sin^2 x}\mathrm{d}x$

$\qquad\qquad = \tan x - \cot x + C.$

练习题 6.2

求下列不定积分：

(1) $\int x^7 \, dx$

(2) $\int 7x \, dx$

(3) $\int (e^x + 1) \, dx$

(4) $\int (ax^2 + bx + c) \, dx$

(5) $\int (\cos x - \sin x) \, dx$

(6) $\int (2^x + x^2) \, dx$

§6.3 换元积分法

能用直接积分法计算的不定积分是十分有限的. 本节介绍的换元积分法，是将复合函数的求导法则反过来用于不定积分，通过适当的变量替换（换元），把某些不定积分化为可利用基本积分公式的形式，再计算出所求不定积分.

一、第一类换元法（凑微分法）

如果不定积分 $\int f(x) \, dx$ 用直接积分法不易求得，

但被积分函数可分解为
$$f(x)=g[\varphi(x)]\varphi'(x)$$
作变量代表 $u=\varphi(x)$，并注意到 $\varphi'(x)\mathrm{d}x=\mathrm{d}\varphi(x)$，则可将关于变量 x 的积分转化为关于变量 u 的积分，于是有
$$\int f(x)\mathrm{d}x = \int g[\varphi(x)]\varphi'(x)\mathrm{d}x = \int g(u)\mathrm{d}u$$
如果 $\int g(u)\mathrm{d}u$ 可以求出，不定积分 $\int f(x)\mathrm{d}x$ 的计算问题就解决了，这就是第一类换元（积分）法（凑微分法）．

定理1(第一类换元法) 设 $g(u)$ 的原函数为 $F(u)$，$u=\varphi(x)$ 可导，则有换元公式
$$\begin{aligned}\int g[\varphi(x)]\varphi'(x)\mathrm{d}x &= \int g(u)\mathrm{d}u \\ &= F(u)+C \\ &= F[\varphi(x)]+C.\end{aligned}$$

注：上述公式中，第一个等号表示换元 $\varphi(x)=u$，最后一个等号表示回代 $u=\varphi(x)$．

例1 求不定积分 $\int(2x+1)^{10}\mathrm{d}x$．

解：$\int(2x+1)^{10}\mathrm{d}x = \dfrac{1}{2}\int(2x+1)^{10}(2x+1)'\mathrm{d}x$

$\qquad = \dfrac{1}{2}\int(2x+1)^{10}\mathrm{d}(2x+1)$

$\qquad \xlongequal{2x+1=u} \dfrac{1}{2}\int u^{10}\mathrm{d}u$

$\qquad = \dfrac{1}{2}\cdot\dfrac{u^{11}}{11}+C$

$\qquad \xlongequal{u=2x+1} \dfrac{1}{22}(2x+1)^{11}+C$

例 2 求不定积分 $\int x e^{x^2} dx$.

解: $\int x e^{x^2} dx = \frac{1}{2} \int e^{x^2} (x^2)' dx = \frac{1}{2} \int e^{x^2} dx^2$

$\xrightarrow{x^2 = u} \frac{1}{2} \int e^u du = \frac{1}{2} e^u + C$

$\xrightarrow{u = x^2} \frac{1}{2} e^{x^2} + C$

例 3 求不定积分 $\int \dfrac{1}{x(1+2\ln x)} dx$.

解:

$\int \dfrac{1}{x(1+2\ln x)} dx = \int \dfrac{1}{1+2\ln x} (\ln x)' dx$

$= \int \dfrac{1}{2} \cdot \dfrac{1}{1+2\ln x} (1+2\ln x)' dx$

$= \dfrac{1}{2} \int \dfrac{1}{1+2\ln x} d(1+2\ln x)$

$\xrightarrow{1+2\ln x = u} \dfrac{1}{2} \int \dfrac{1}{u} du$

$= \dfrac{1}{2} \ln|u| + C$

$\xrightarrow{u = 1+2\ln x} \dfrac{1}{2} \ln|1+2\ln x| + C.$

注: 一般地,我们可根据微分基本公式得到常用凑微分公式.

对变量代换比较熟练后,可省去书写中间变量的换元和回代过程.

例 4 求不定积分 $\int \dfrac{1}{x^2 - 8x + 25} dx$.

解: $\int \dfrac{1}{x^2 - 8x + 25} dx = \int \dfrac{1}{(x-4)^2 + 9} dx$

$$= \frac{1}{3^2} \int \frac{1}{\left(\frac{x-4}{3}\right)^2 + 1} dx$$

$$= \frac{1}{3} \int \frac{1}{\left(\frac{x-4}{3}\right)^2 + 1} d\left(\frac{x-4}{3}\right)$$

$$= \frac{1}{3} \arctan \frac{x-4}{3} + C.$$

	积分类型	换元公式
第一类换元法	1. $\int f(ax+b)dx = \frac{1}{a}\int f(ax+b)d(ax+b)\ (a \neq 0)$	$u = ax+b$
	2. $\int f(x^\mu)x^{\mu-1}dx = \frac{1}{\mu}\int f(x^\mu)dx^\mu\ (\mu \neq 0)$	$u = x^\mu$
	3. $\int f(\ln x)\frac{1}{x}dx = \int f(\ln x)d(\ln x)$	$u = \ln x$
	4. $\int f(e^x)e^x dx = \int f(e^x)de^x$	$u = e^x$
	5. $\int f(a^x)a^x dx = \frac{1}{\ln a}\int f(a^x)da^x$	$u = a^x$
	6. $\int f(\sin x)\cos x dx = \int f(\sin x)d\sin x$	$u = \sin x$
	7. $\int f(\cos x)\sin x dx = -\int f(\cos x)d\cos x$	$u = \cos x$
	8. $\int f(\tan x)\sec^2 x dx = \int f(\tan x)d\tan x$	$u = \tan x$
	9. $\int f(\cot x)\csc^2 x dx = -\int f(\cot x)d\cot x$	$u = \cot x$

例 5 求不定积分 $\int \frac{1}{1+e^x} dx$.

解: $\int \frac{1}{1+e^x} dx = \int \frac{1+e^x - e^x}{1+e^x} dx$

$$= \int \left(1 - \frac{e^x}{1+e^x}\right) dx$$

$$= \int dx - \int \frac{e^x}{1+e^x} dx$$

$$= \int dx - \int \frac{1}{1+e^x} d(1+e^x)$$

$$= x - \ln(1+e^x) + C.$$

笔记区

例6 求不定积分 $\int \sin 2x \, dx$.

解法一：

原式 $= \dfrac{1}{2}\int \sin 2x \, d(2x) = -\dfrac{1}{2}\cos 2x + C.$

解法二：

原式 $= 2\int \sin x \cos x \, dx$

$= 2\int \sin x \, d(\sin x) = (\sin x)^2 + C.$

解法三：

原式 $= 2\int \sin x \cos x \, dx$

$= -2\int \cos x \, d(\cos x) = -(\cos x)^2 + C.$

注： 检验积分结果是否正确，只要把结果求导，如果导数等于被积函数，则结果正确，否则结果错误.

易检验，上述 $-\dfrac{1}{2}\cos 2x$，$(\sin x)^2$，$-(\cos x)^2$ 均为 $\sin 2x$ 的原函数.

例7 求不定积分 $\int \sin^2 x \cos^5 x \, dx$.

解：

$\int \sin^2 x \cos^5 x \, dx = \int \sin^2 x \cos^4 x \, d(\sin x)$

$= \int \sin^2 x (1 - \sin^2 x)^2 \, d(\sin x)$

$= \int (\sin^2 x - 2\sin^4 x + \sin^6 x) \, d(\sin x)$

$= \dfrac{1}{3}\sin^3 x - \dfrac{2}{5}\sin^5 x + \dfrac{1}{7}\sin^7 x + C.$

注：当被积函数是三角函数时，拆开奇次项去凑微分；当被积函数为三角函数的偶数次幂时，常用半角公式通过降低幂次的方法来计算.

例 8 求不定积分 $\int \sin5x\cos3x\,\mathrm{d}x$.

解：

$$\int \sin5x\cos3x\,\mathrm{d}x = \int \frac{1}{2}(\sin8x + \sin2x)\,\mathrm{d}x$$

$$= \frac{1}{2}\int \sin8x\,\mathrm{d}x + \frac{1}{2}\int \sin2x\,\mathrm{d}x$$

$$= \frac{1}{16}\int \sin8x\,\mathrm{d}(8x) + \frac{1}{4}\int \sin2x\,\mathrm{d}(2x)$$

$$= -\frac{1}{16}\cos8x - \frac{1}{4}\cos2x + C$$

一般地，对形如 $\int \sin^m x \cos^n x\,\mathrm{d}x$ $(m \neq n)$ 的不定积分，当 m、n 均为偶数时，可用 $\sin^2 x + \cos^2 x = 1$ 消去 $\sin x$ 或 $\cos x$，再用半角公式降低它的幂次直到可积出；当 m、n 至少一个为奇数，不妨设 n 为奇数，可将 $\cos x\,\mathrm{d}x$ 凑成 $\sin x$ 的微分，再利用公式 $\sin^2 x + \cos^2 x = 1$ 把 $\cos^{n-1} x$ 化成 $\sin x$ 的函数便可积出. 对形如 $\int \sin\alpha x \cos\beta x\,\mathrm{d}x$、$\int \sin\alpha x \sin\beta x\,\mathrm{d}x$ 和 $\int \cos\alpha x \cos\beta x\,\mathrm{d}x$ $(\alpha \neq \beta)$ 的不定积分，需要利用积化和差的公式便可化简之.

从上面的例子可以看出，第一类换元积分法理论上很简单，但关键是选取适当的中间变量. 这需要一定的技巧，且没有一般的规则可循. 因此要掌握第一类换元法，除了对导数公式十分熟练之外，还要做较多的练习,熟悉一些典型例子才行.

例 9 求不定积分 $\int \cos^2 x \, dx$.

解:
$$\int \cos^2 x \, dx = \int \frac{1+\cos 2x}{2} dx$$
$$= \frac{1}{2}(\int dx + \int \cos 2x \, dx)$$
$$= \frac{1}{2}\int dx + \frac{1}{4}\int \cos 2x \, d(2x)$$
$$= \frac{x}{2} + \frac{\sin 2x}{4} + C.$$

例 10 求不定积分 $\int \frac{1}{x^2 - a^2} dx$.

解: 由于 $\frac{1}{x^2 - a^2} = \frac{1}{2a}\left(\frac{1}{x-a} - \frac{1}{x+a}\right)$, 所以

$$\int \frac{1}{x^2 - a^2} dx = \frac{1}{2a}\int \left(\frac{1}{x-a} - \frac{1}{x+a}\right) dx$$
$$= \frac{1}{2a}\left(\int \frac{1}{x-a} dx - \int \frac{1}{x+a} dx\right)$$
$$= \frac{1}{2a}\left[\int \frac{1}{x-a} d(x-a) - \int \frac{1}{x+a} d(x+a)\right]$$
$$= \frac{1}{2a}(\ln|x-a| - \ln|x+a|) + C$$
$$= \frac{1}{2a}\ln\left|\frac{x-a}{x+a}\right| + C.$$

二、第二类换元法

如果不定积分 $\int f(x) dx$ 用直接积分法或第一类换元法不易求得,但作适当的变量替换 $x = \varphi(t)$,所得到的关于新的积分变量 t 的不定积分 $\int f[\varphi(t)]\varphi'(t) dt$,可以求得,则可解决 $\int f(x) dx$ 的计

算问题，这就是所谓的第二类换元（积分）法.

定理 2(第二类换元法) 设 $x=\varphi(t)$ 是单调、可导函数，且 $\varphi'(t)\neq 0$，又设 $f[\varphi(t)]\varphi'(t)$ 具有原函数 $F(t)$，则

$$\int f(x)\mathrm{d}x = \int f[\varphi(t)]\varphi'(t)\mathrm{d}t$$
$$= F(t)+C$$
$$= F[\varphi'(x)]+C.$$

其中 $\psi(x)$ 是 $x=\varphi(t)$ 的反函数.

证明：因为 $F(t)$ 是 $f[\varphi(t)]\varphi'(t)$ 的原函数，令 $G(x)=F[\varphi(x)]$，则

$$G'(x) = \frac{\mathrm{d}F}{\mathrm{d}t}\cdot\frac{\mathrm{d}t}{\mathrm{d}x}$$
$$= f[\varphi(t)]\varphi'(t)\,\frac{1}{\varphi'(t)}$$
$$= f[\varphi(t)] = f(x),$$

即 $G(x)$ 为 $f(x)$ 的原函数. 从而结论得证.

注：由上述定理可见，第二类换元积分法的换元与回代过程与第一类换元积分法的正好相反.

例 11 求不定积分 $\int\dfrac{1}{x+\sqrt{x}}\mathrm{d}x$.

解：令变量 $t=\sqrt{x}$，即作变量代换 $x=t^2(t>0)$，从而 $\mathrm{d}x=2t\mathrm{d}t$，所以不定积分

$$\int\frac{1}{x+\sqrt{x}}\mathrm{d}x = \int\frac{1}{t+t^2}2t\mathrm{d}t$$
$$= 2\int\frac{1}{t+1}\mathrm{d}t$$
$$= 2\ln|t+1|+C$$
$$= 2\ln(\sqrt{x}+1)+C.$$

例 12 求不定积分 $\int \dfrac{1}{\sqrt{x}(1+\sqrt[3]{x})}\,dx$.

解：为同时消去被积函数中的根式 $\sqrt{x}$ 和 $\sqrt[3]{x}$，可令 $x=t^6$，则 $dx=6t^5\,dt$，从而

$$\int \dfrac{1}{\sqrt{x}(1+\sqrt[3]{x})}\,dx = \int \dfrac{6t^5}{t^3(1+t^2)}\,dt$$

$$= \int \dfrac{6t^2}{1+t^2}\,dt$$

$$= 6\int \dfrac{t^2+1-1}{1+t^2}\,dt$$

$$= 6\int \left(1-\dfrac{1}{1+t^2}\right)dt$$

$$= 6[t-\arctan t]+C$$

$$= 6[\sqrt[6]{x}-\arctan \sqrt[6]{x}]+C.$$

例 13 求不定积分 $\int \dfrac{1}{\sqrt{1+e^x}}\,dx$.

解：令 $t=\sqrt{1+e^x}$，则

$e^x=t^2-1$，$x=\ln(t^2-1)$，$dx=\dfrac{2t\,dt}{t^2-1}$，所以

$$\int \dfrac{1}{\sqrt{1+e^x}}\,dx = \int \dfrac{2}{t^2-1}\,dt$$

$$= \int \left(\dfrac{1}{t-1}-\dfrac{1}{t+1}\right)dt$$

$$= \ln\left|\dfrac{t-1}{t+1}\right|+C$$

$$= 2\ln(\sqrt{1+e^x}-1)-x+C.$$

例 14 求不定积分 $\int \sqrt{a^2-x^2}\,dx\ (a>0)$.

解：令 $x=a\sin t$，则 $dx=a\cos t\,dt$，$t\in\left(-\dfrac{\pi}{2},\dfrac{\pi}{2}\right)$，

所以

$$\int \sqrt{a^2-x^2}\,\mathrm{d}x = \int a\cos t \cdot a\cos t\,\mathrm{d}t$$

$$= \frac{a^2}{2}\int(1+\cos 2t)\,\mathrm{d}t$$

$$= \frac{a^2}{2}\left(t+\frac{1}{2}\sin 2t\right)+C$$

$$= \frac{a^2}{2}(t+\sin t\cos t)+C.$$

为将变量 t 还原回原来的积分变量 x，由 $x=a\sin t$ 作直角三角形，可知 $\cos t = \dfrac{\sqrt{a^2-x^2}}{a}$，代入上式，得

$$\int \sqrt{a^2-x^2}\,\mathrm{d}x = \frac{a^2}{2}\left(\arcsin\frac{x}{a}+\frac{x}{a}\cdot\frac{\sqrt{a^2-x^2}}{a}\right)+C$$

$$= \frac{a^2}{2}\arcsin\frac{x}{a}+\frac{x}{2}\sqrt{a^2-x^2}+C.$$

注：对本例，若令 $x=a\cos t$，同样可计算.

例 15 求不定积分 $\displaystyle\int \frac{1}{\sqrt{x^2+a^2}}\,\mathrm{d}x\ (a>0)$.

解：令 $x=a\tan t$，则 $\mathrm{d}x=a\sec^2 t\,\mathrm{d}t$，$t\in\left(-\dfrac{\pi}{2},\dfrac{\pi}{2}\right)$，

$$\int \frac{1}{\sqrt{x^2+a^2}}\,\mathrm{d}x = \int \frac{1}{a\sec t}\cdot a\sec^2 t\,\mathrm{d}t$$

$$= \int \sec t\,\mathrm{d}t = \ln|\sec t+\tan t|+C$$

$$= \ln\left|\frac{x}{a}+\frac{\sqrt{x^2+a^2}}{a}\right|+C.$$

例 16 求不定积分 $\displaystyle\int \frac{1}{\sqrt{x^2-a^2}}\,\mathrm{d}x\ (a>0)$.

解：令 $x=a\sec t$，则 $\mathrm{d}x=a\sec t\cdot\tan t\,\mathrm{d}t$，$t\in\left(0,\dfrac{\pi}{2}\right)$，

$$\int \frac{1}{\sqrt{x^2-a^2}}dx = \int \frac{a\sec t \cdot \tan t}{a\tan t}dt = \int \sec t\, dt$$

$$= \ln|\sec t + \tan t| + C$$

$$= \ln\left|\frac{x}{a} + \frac{\sqrt{x^2-a^2}}{a}\right| + C.$$

注：以上三例所使用的均为三角函数，三角代换的目的是化掉根式，其一般规律如下：被积函数中含有

(1) $\sqrt{a^2-x^2}$，可令 $x = a\sin t$；(2) $\sqrt{a^2+x^2}$，可令 $x = a\tan t$；

(3) $\sqrt{x^2-a^2}$，可令 $x = a\sec t$。

本节中一些例题的结果以后会经常用到，所以它们通常也被当作公式使用．这样，常用的基本积分公式，除了基本积分表中的公式外，我们再补充下面几个（其中常数 $a > 0$）．

(1) $\int \tan x\, dx = -\ln|\cos x| + C$

(2) $\int \cot x\, dx = \ln|\sin x| + C$

(3) $\int \sec x\, dx = \ln|\sec x + \tan x| + C$

(4) $\int \csc x\, dx = \ln|\csc x - \cot x| + C$

(5) $\int \frac{1}{a^2+x^2}dx = \frac{1}{a}\arctan\frac{x}{a} + C$

(6) $\int \frac{1}{x^2-a^2}dx = \frac{1}{2a}\ln\left|\frac{x-a}{x+a}\right| + C$

(7) $\int \frac{1}{\sqrt{a^2-x^2}}dx = \arcsin\frac{x}{a} + C$

(8) $\int \frac{1}{\sqrt{x^2 \pm a^2}}dx = \ln\left|x + \sqrt{x^2 \pm a^2}\right| + C$

练习题 6.3

1. 求使下列等式成立的常数 k

(1) $dx = kd(1-2x)$;

(2) $xdx = kd(x^2)$;

(3) $\dfrac{1}{\sqrt{x}}dx = kd(\sqrt{x})$;

(4) $\dfrac{2}{x^2}dx = kd\left(\dfrac{1}{x}-2\right)$;

(5) $e^{-x}dx = kd(e^{-x})$;

(6) $\sin 3x \, dx = kd(\cos 3x)$;

(7) $\dfrac{1}{x}dx = kd(2-3\ln x)$;

(8) $\dfrac{1}{1+4x^2}dx = kd(\arctan 2x)$.

2. 求下列不定积分

(1) $\int (4x^3 + 3x + 2x - 1)dx$;

(2) $\int \dfrac{e^{2x}-1}{e^x-1}dx$;

(3) $\int \cot^2 x \, dx$;

(4) $\int \dfrac{e^x + e^{-x}}{2}dx$;

(5) $\int \dfrac{\cos 2x}{\cos^2 x \sin^2 x}dx$;

(6) $\int \dfrac{2\cdot 3^x - 5\cdot 2^x}{3^x}dx$.

3. 求下列不定积分

(1) $\int \cos 4x \, dx$;

(2) $\int \sin \frac{t}{3} \, dt$;

(3) $\int (x^2 - 3x + 2)^3 (2x - 3) \, dx$;

(4) $\int (2x - 1)^5 \, dx$;

(5) $\int \frac{dx}{1 - 2x}$;

(6) $\int \frac{dx}{x \ln^2 x}$;

(7) $\int x^2 \sin(3x^3) \, dx$;

(8) $\int x e^{x^2} \, dx$;

(9) $\int e^{\sin x} \cos x \, dx$;

(10) $\int \frac{dx}{\cos^2(a - bx)}$;

(11) $\int \frac{2x - 1}{\sqrt{1 - x^2}} \, dx$;

(12) $\int \frac{dx}{4 + x^2}$.

§6.4 分部积分法

上一节，我们在复合求导法则的基础上，得到了换元积分法，从而使大量的不定积分计算问题得到解决，但对于 $\int x \cos x \, dx$, $\int \ln x \, dx$, $\int \arcsin x \, dx$ 等这样一类积分还难以计算,为此本节将介绍另一种基本积分方法——分部积分法,它与微分学中乘积的微分公式相对应.

设 $u=u(x)$,$v=v(x)$ 具有连续的导函数,由两个函数乘积的微分法则知
$$d(uv)=udv+vdu,$$
即
$$udv=d(uv)-vdu,$$
对上式两边积分,得
$$\int udv = uv - \int vdu$$

称为分部积分公式. 此公式说明,对积分 $\int udv$ 和 $\int vdu$,只要能求出其中之一,另一个的积分结果即可得到.

例 1 求 $\int x\cos xdx$.

解:现在用分部积分法来求它. 首先要选取适当的 u、v,把被积表达式 $x\cos xdx$ 分解成 u 与 dv 的乘积,这是用分部积分法的关键,也是用该方法的难点. 这里我们选取 $u=x$,$dv=\cos xdx=d\sin x$,那么,$du=dx$,$v=\sin x$,代入分部积分公式得

$$\int x\cos xdx = \int xd\sin x$$
$$= x\sin x - \int \sin xdx$$
$$= x\sin x + \cos x + C.$$

求这个积分时,若选取 $u=\cos x$,$dv=xdx$,那么 $du=-\sin xdx$,$v=\dfrac{x^2}{2}$,再代入公式得

第六章 不定积分
笔记区

$$\int x\cos x\,dx = \int \cos x\,d\left(\frac{x^2}{2}\right)$$

$$= \frac{x^2}{2}\cos x - \int \frac{x^2}{2}d(\cos x)$$

$$= \frac{x^2}{2}\cos x + \int \frac{x^2}{2}\sin x\,dx.$$

上式右端不定积分 $\int \frac{x^2}{2}\sin x\,dx$ 比原来的 $\int x\cos x\,dx$ 更不容易求出，所以这种选择 u 和 dv 的方法不可取．

那么，如何选取 u 和 dv 呢？u、dv 的选取一般遵循以下原则：

(1) v 要容易求出；

(2) $\int v\,du$ 要比 $\int u\,dv$ 更容易求出．

例 2 求 $\int xe^x dx$．

解：令 $u=x$，$dv=e^x dx$，则 $du=dx$，$v=e^x$，于是得

$$\int xe^x dx = \int x\,d(e^x)$$

$$= xe^x - \int e^x dx$$

$$= xe^x - e^x + C.$$

读者容易验证，若令 $u=e^x$，$dv=xdx$ 也不可行．

对于分部积分公式在做题过程中也可以多次使用，但还是要遵循上面两条原则，用一次公式得到的不定积分至少不能比前一次的难．

例 3 求 $\int x^2 e^x dx$．

解：令 $u=x^2$，$dv=e^x dx$，则 $du=2xdx$，$v=e^x$，于是得

$$\int x^2 \mathrm{e}^x \mathrm{d}x = \int x^2 \mathrm{d}(\mathrm{e}^x)$$
$$= x^2 \mathrm{e}^x - \int \mathrm{e}^x \mathrm{d}(x^2)$$
$$= x^2 \mathrm{e}^x - 2\int x \mathrm{e}^x \mathrm{d}x$$
$$= x^2 \mathrm{e}^x - 2(x\mathrm{e}^x - \mathrm{e}^x) + C$$
$$= \mathrm{e}^x(x^2 - 2x + 2) + C.$$

需要注意的是，上例中在第二次用分部积分法时，u、$\mathrm{d}v$ 的选取必须与第一次一致，即必须还选取 $v = \mathrm{e}^x$，否则，再用一次会还原到题目上，成了一个恒等式.

对于有理多项式
$$p(x) = a_k x^k + a_{k-1} x^{k-1} + \cdots + a_1 x + a_0$$
其中 k 为正整数，a_0，a_1，$\cdots$，a_k 为常数. 由前面三个例子可知，形如
$$\int p(x) \sin ax \mathrm{d}x、\int p(x) \cos ax \mathrm{d}x、\int p(x) \mathrm{e}^{ax+b} \mathrm{d}x$$
（这里 a、b 为常数）的不定积分，都可以用分部积分法，并且都选取多项式为 u，这样用一次分部积分公式，多项式最高次幂降低一次，用 k 次后就可降为零次多项式，即可求得积分结果.

例 4 求 $\int x \arctan x \mathrm{d}x$.

解：令 $u = \arctan x$，$\mathrm{d}v = x \mathrm{d}x$，则原不定积分可化为
$$\int x \arctan x \mathrm{d}x = \int \arctan x \mathrm{d}\left(\frac{x^2}{2}\right)$$
$$= \frac{x^2}{2} \arctan x - \int \frac{x^2}{2} \mathrm{d}(\arctan x)$$

$$= \frac{x^2}{2}\arctan x - \frac{1}{2}\int \frac{x^2}{1+x^2}\mathrm{d}x$$

$$= \frac{x^2}{2}\arctan x - \frac{1}{2}\int \left(1 - \frac{1}{1+x^2}\right)\mathrm{d}x$$

$$= \frac{x^2}{2}\arctan x - \frac{1}{2}(x - \arctan x) + C$$

$$= \frac{1}{2}(x^2+1)\arctan x - \frac{1}{2}x + C.$$

例5 求 $\int \arcsin x \mathrm{d}x$.

解：令 $u = \arcsin x$，$\mathrm{d}v = \mathrm{d}x$，则原不定积分可化为

$$\int \arcsin x \mathrm{d}x = x\arcsin x - \int x\mathrm{d}(\arcsin x)$$

$$= x\arcsin x - \int \frac{x}{\sqrt{1-x^2}}\mathrm{d}x$$

$$= x\arcsin x + \frac{1}{2}\int (1-x^2)^{-\frac{1}{2}}\mathrm{d}(1-x^2)$$

$$= x\arcsin x + \sqrt{(1-x^2)} + C.$$

由以上两例知，对不定积分

$$\int p(x)\arcsin x \mathrm{d}x \ 、 \int p(x)\arctan x \mathrm{d}x,$$

可用分部积分法，且选取有理多项式 $p(x)$ 与 $\mathrm{d}x$ 的积为 $\mathrm{d}v$，即 $\mathrm{d}v = p(x)\mathrm{d}x$，则用一次分部积分公式可消去被积函数中的反三角函数.

例6 求 $\int (x^2+x+1)\ln x \mathrm{d}x$.

解：令 $u = \ln x$，$\mathrm{d}v = (x^2+x+1)\mathrm{d}x$，则原不定积分可化为

$$\int (x^2+x+1)\ln x \mathrm{d}x$$

$$= \int \ln x \mathrm{d}\left(\frac{x^3}{3} + \frac{x^2}{2} + x\right)$$

$$= \left(\frac{x^3}{3}+\frac{x^2}{2}+x\right)\ln x - \int\left(\frac{x^3}{3}+\frac{x^2}{2}+x\right)d(\ln x)$$

$$= \left(\frac{x^3}{3}+\frac{x^2}{2}+x\right)\ln x - \int\left(\frac{x^2}{3}+\frac{x}{2}+1\right)dx$$

$$= \left(\frac{x^3}{3}+\frac{x^2}{2}+x\right)\ln x - \left(\frac{x^3}{9}+\frac{x^2}{4}+x\right)+C.$$

由此例知，对形如 $\int p(x)\ln x\,dx$ 的不定积分可用分部积分法，且选取 $u=\ln x$，则用一次分部积分公式后即可消去被积函数中的对数函数.

例 7 求 $I=\int e^{ax}\cos bx\,dx$.

解：令 $u=e^{ax}$，$dv=\cos bx\,dx$ 则

$$I = \int e^{ax}\cos bx\,dx$$

$$= \frac{1}{b}\int e^{ax}d(\sin bx)$$

$$= \frac{1}{b}e^{ax}\sin bx - \frac{1}{b}\int \sin bx\,d(e^{ax})$$

$$= \frac{1}{b}e^{ax}\sin bx - \frac{a}{b}\int e^{ax}\sin bx\,dx$$

$$= \frac{1}{b}e^{ax}\sin bx + \frac{a}{b^2}\int e^{ax}d(\cos bx)$$

$$= \frac{1}{b}e^{ax}\sin bx + \frac{a}{b^2}e^{ax}\cos bx - \frac{a}{b^2}\int \cos bx\,d(e^{ax})$$

$$= \frac{1}{b}e^{ax}\sin bx + \frac{a}{b^2}e^{ax}\cos bx - \frac{a^2}{b^2}\int e^{ax}\cos bx\,dx$$

$$= \frac{1}{b}e^{ax}\sin bx + \frac{a}{b^2}e^{ax}\cos bx - \frac{a^2}{b^2}I$$

移项解得

$$I = \frac{e^{ax}}{a^2+b^2}(b\sin bx + a\cos bx) + C.$$

在例 7 中，e^{ax} 与 $\cos bx$ 的原函数或导函数都比较简单，而且仍为指数函数或三角函数，这样选哪个为 u 都行，但要注意在第二次用分部积分公式时要选择的 u 应与第一次的是同一类函数才行．再者，这种通过移项求出不定积分时不要丢了常数 C．

类似例 7，有
$$\int e^{ax}\sin bx\,dx = \frac{e^{ax}}{a^2+b^2}(a\sin bx - b\cos bx) + C.$$

例 8 求 $\int e^{\sqrt{x}}\,dx$．

解：令 $\sqrt{x}=t$，则 $x=t^2$，$dx=2t\,dt$，于是
$$\int e^{\sqrt{x}}\,dx = \int e^t \cdot 2t\,dt$$
$$= 2\int t e^t\,dt = 2\int t\,d(e^t)$$
$$= 2te^t - 2\int e^t\,dt$$
$$= 2e^t(t-1) + C$$
$$= 2e^{\sqrt{x}}(\sqrt{x}-1) + C.$$

至此，我们已经学过了求不定积分的基本方法及常见函数的积分方法．反回头来，我们看所谓的求不定积分，其实是用初等函数把某一给定函数的积分（或原函数）表示出来．必须指出，在这种意义下，不是所有的初等函数的积分都可以求出来的，例如下列不定积分

$$\int e^{x^2}\,dx,\ \int \frac{\sin x}{x}\,dx,\ \int \frac{1}{\ln x}\,dx,\ \int \frac{1}{\sqrt{1+x^4}}\,dx,$$
$$\int \sqrt{1-k^2\sin^2 x}\,dx\ (k\neq 0,1)$$

虽然按原函数存在定理，在其连续区间内存在，

但它们都不能用初等函数表示出来，此即通常所谓积不出来的不定积分．从另一角度来说，初等函数的导数是初等函数，但初等函数的原函数（或不定积分）却不一定是初等函数．

最后顺便说明一点，积分需要一定的技巧，有时还需要做许多复杂的计算．为了应用的方便，往往把常用的积分汇集成表，称为积分表．积分表是按照被积函数的类型分类编排的，求积分时，可根据被积函数的类型直接或经过简单变形后，在积分表中查得所需结果．但对初学者来说，在作不定积分的练习时，应尽量运用前面所介绍的各种方法，通过一定数量的训练，力争达到运算自如的地步．

练习题 6.4

1. 求下列不定积分

(1) $\int \arcsin x \, dx$;

(2) $\int \ln(x^2+1) \, dx$;

(3) $\int \arctan x \, dx$;

(4) $\int \ln^2 x \, dx$;

(5) $\int x \cos \dfrac{x}{2} \, dx$;

(6) $\int x \ln(x-1) \, dx$;

(7) $\int \dfrac{\ln x}{x^2} \, dx$.

2. 已知 $\dfrac{\sin x}{x}$ 是 $f(x)$ 的原函数，求 $\int x f'(x) \, dx$．

第六章 复习题

一、填空

1. 若 $F'(x)=f(x)$,则 $\left[\int F'(x)\mathrm{d}x\right]'=$ _____.

2. 若 $\int f(x)\mathrm{d}x = 3\mathrm{e}^x + C$,则 $f(x)=$ _____.

3. $\int\left(\dfrac{1}{\sin^2 x}+\dfrac{2}{\cos^2 x}\right)\mathrm{d}x=$ _____.

4. $\int(1-x)(1-2x)(1-3x)\mathrm{d}x=$ _____.

5. $\int\dfrac{x+2}{\sqrt{x}}\mathrm{d}x=$ _____.

6. $\int\left(\sqrt[3]{x^2}+\sqrt[3]{x}+\dfrac{1}{\sqrt[3]{x^2}}\right)\mathrm{d}x=$ _____.

7. $\int(\ln x)^2\mathrm{d}x=$ _____.

8. $\int 5^x \mathrm{e}^x \mathrm{d}x=$ _____.

9. $\int\cos^2 x\,\mathrm{d}x=$ _____.

10. 设 $f(x)=k\tan 2x$ 的一个原函数为 $\dfrac{2}{8}\ln\cos 2x+3$,则 $k=$ _____.

11. 已知函数 $F(x)$ 的导数 $f(x)=\arccos x$,且 $F(0)=-1$,则 $F(x)=$ _____.

12. 若 $f'(2x)=\cos 2x$,则 $f(2x)=$ _____.

13. $\int f(x)\mathrm{d}x=\mathrm{e}^{2x}+C$,则 $f(x)=$ _____.

14. 曲线 $y=f(x)$ 在点 x 处的切线斜率为 $-x+2$，且曲线过点 $(2,5)$，则曲线方程为_____．

二、选择

1. 设函数 $f(x)$ 具有连续的导数，则 $f(x)=$ （   ）．

   A. $d\int f(x)dx$
   B. $\int df(x)$
   C. $\dfrac{d}{dx}\int f(x)dx$
   D. $f(x)dx$

2. 设 $f'\left(x\tan\dfrac{x}{2}\right)=1+x\tan\dfrac{x}{2}$，则 $f(x)=$ （   ）．

   A. $\dfrac{1}{2}x^2+x+C$
   B. $-\dfrac{1}{2}x^2+x$
   C. $\int\left(x\tan\dfrac{x}{2}+1\right)dx$
   D. $\dfrac{1}{3}x^3+x$

3. 若函数 $f(x)$ 的一个原函数是 e^{-x^2}，则 $\int f'(x)dx=$（   ）．

   A. $-2xe^{-x^2}+C$
   B. $-\dfrac{1}{2}e^{-x^2}+C$
   C. $-(2x^2+1)e^{-x^2}+C$
   D. $-xe^{-x^2}+f(x)+C$

4. 设积分曲线族 $y=\int f(x)dx$ 中有倾斜角为 $\dfrac{\pi}{3}$ 的直线，则 $y=f(x)$ 的图像是（   ）．

   A. 平行于 y 轴的直线
   B. 抛物线
   C. 直线 $y=x$

D. 平行于 x 轴的直线

5. $\int xf''(x)dx = ($ $)$.

A. $xf'(x) - \int f(x)dx$

B. $xf'(x) - f'(x) + C$

C. $xf'(x) - f(x) + C$

D. $xf'(x) - \int f(x)dx + C$

6. 若函数 $f(x)$ 的一个原函数是 $\cos x$, 则 $\int xf'(x)dx = ($ $)$.

A. $-x\sin x - \cos x + C$

B. $x\sin x + \cos x + C$

C. $x\cos x + \sin x + C$

D. $x\cos x - \sin x + C$

7. 若函数 $f(x)$ 的导数是 $\cos x$, 则 $f(x)$ 有一原函数为( ).

A. $1 - \sin x$ B. $1 + \sin x$

C. $1 - \cos x$ D. $1 + \cos x$

8. 设 $\ln f(x) = \cos x$, 则 $\int \dfrac{xf'(x)}{f(x)}dx = ($ $)$.

A. $x\cos x - \sin x + C$

B. $x\sin x - \cos x + C$

C. $x(\cos x + \sin x) + C$

D. $x\sin x + C$

9. $\int \dfrac{x+2}{x^2+4x+8}dx = ($ $)$.

A. $\ln \dfrac{x^2+4x+8}{2}$

B. $\ln(x^2+4x+8)+C$

C. $2\ln(x^2+4x+8)+C$

D. $\ln\sqrt{x^2+4x+8}+C$

三、求下列不定积分：

1. $\int \dfrac{\mathrm{d}x}{\cos^2(2-3x)}$;

2. $\int \dfrac{\mathrm{d}x}{\sqrt[3]{2-3x}}$;

3. $\int \dfrac{3x^4+3x^2+1}{x^2+1}\mathrm{d}x$;

4. $\int \dfrac{1}{1-\cos 2x}\mathrm{d}x$;

5. $\int \dfrac{\arcsin x}{x^2}\mathrm{d}x$;

6. $\int \dfrac{x}{1+\sqrt{1+x^2}}\mathrm{d}x$;

7. $\int \dfrac{1}{\sqrt{1+\mathrm{e}^x}}\mathrm{d}x$;

8. $\int \dfrac{x-2}{x^2+2x+3}\mathrm{d}x$;

9. $\int \dfrac{1}{\sqrt{x^2-2x+5}}\mathrm{d}x$;

10. $\int \dfrac{\cos x}{\sin x+\cos x}\mathrm{d}x$;

11. $\int \sqrt{x}\ln^2 x\,\mathrm{d}x$;

12. $\int x\ln(9+x^2)\mathrm{d}x$.

四、一质点作直线运动，已知其加速度 $a(t)=3t^2-\sin t$，若 $v(0)=2$，$s(0)=1$，求速度 v、位移 s 与时间 t 的关系.

五、设 $f(x)$ 的原函数为 $\ln(x+\sqrt{x^2+1})$，求 $\int xf'(x)\mathrm{d}x$.

数学史话

微积分的创始者，数理逻辑的奠基人
——莱布尼茨

莱布尼茨（Gottfried Wihelm Leibniz，1646-1716），德国数学家、哲学家，和牛顿同为微积分学的创建人。1646年7月1日生于莱比锡，1716年11月4日卒于德国西北的汉诺威。1661年入莱比锡大学学习法律，又曾到耶拿大学学习几何，1666年在纽伦堡阿尔特多夫取得法学博士学位。

1667年他投身于外交界，在美因茨的大主教J.P.舍恩伯恩的手下工作。在这期间，他到欧洲各国游历，接触到数学界的名流，并同他们保持着密切的联系。特别是在巴黎他受到C.惠更斯的启发，决心钻研数学。在这之后数年，他迈入数学领域，开始了创造性工作。1676年，来到汉诺威，任腓特烈公爵顾问及图书馆馆长。此后40年，常居汉诺威，直到去世。

莱布尼茨终生奋斗的主要目标是寻求一种可以获得知识和创造发明的普遍方法。这种努力导致许多数学的发现，最突出的是微积分学。牛顿建立微积分主要是从运动学的观点出发，而莱布尼茨则从几何学的角度去考虑，特别和I.巴罗的微分三角形有密切关系。他的第一篇微积分学文章《一种求极大极小和切线的新方法》是 1684 年在《学艺》杂志上发表的，这是世界上最早的微积分文献，比牛顿的《自然哲学的数学原理》早 3 年。这篇论文仅 6 页纸，内容并不丰富，说理也颇含混的文章，却有着划时代的意义。它已含有现代微分符号和基本微分法则，还给出了极值的条件 $\mathrm{d}y=0$ 和拐点的条件 $\mathrm{d}^2 y=0$。但运算规则只含简短的叙述而没有证明，使人很难理解。1686 年他在《学艺》上发表第一篇积分学论文。他所创设的微积分符号远远优于牛顿的符号，这对微积分的发展有极大的影响。可是在这篇最早的积分学论文中，却没有今天的积分号 $\int$。不过这符号确实早已创设。只是因为制版不便，印刷时才没有用。积分号 $\int$ 出现在他 1675 年 10 月 29 日的手稿上，它是字母 S 的拉长。微分符号 $\mathrm{d}x$ 出现在 1675 年 11 月 11 日的另一手稿上。他考虑微积分的问题，大概始于 1673 年。

他的其他贡献有：1673 年，他制作了能进行四则运算的计算机；系统地阐述了二进制记数法，并与中国的八卦联系起来；1674 年得到

$$\frac{\pi}{4}=1-\frac{1}{3}+\frac{1}{5}-\frac{1}{7}+\cdots$$

他在哲学上提出单子论，在逻辑学上提出数理逻辑的许多概念和命题。

第七章 定积分

不定积分是微分法逆运算的一个侧面,本章要介绍的定积分则是它的另一个侧面.定积分起源于求图形的面积和体积等实际问题.古希腊的阿基米德用"穷竭法",我国的刘徽用"割圆术",都曾计算过一些几何体的面积和体积,这些均为定积分的雏形.直到17实际中叶,牛顿和莱布尼茨先后提出了定积分的概念,并发现了积分与微分之间的内在联系,给出了计算定积分的一般方法,从而才使定积分成为解决有关实际问题的有力工具,并使各自独立的微分学与积分学联系在一起,构成完整的理论体系——微积分学.

本章先从几何问题与力学问题引入定积分的定义,然后讨论定积分的性质、计算方法.

§7.1 定积分的概念

我们先从分析和解决几个典型问题入手,来看定积分的概念是怎样从现实原型抽象出来的.

一、引例

1. 曲边梯形的面积

在中学,我们学过求矩形、三角形等以直线为边的图形的面积. 但在实际应用中, 往往需要求以曲线为边的图形 (曲边形) 的面积.

设 $y=f(x)$ 在区间 $[a,b]$ 上非负、连续. 在直角坐标系中, 曲线 $y=f(x)$、直线 $x=a$、$x=b$ 和 $y=0$ 所围成的图形称为曲边梯形 (如图 7-1 所示).

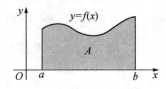

图 7-1

由于任何一个曲边形总可以分割成多个曲边梯形来考虑, 因此, 求曲边形面积的问题就转化为求曲边梯形面积的问题.

如何求曲边梯形的面积呢?

我们知道, 矩形的面积＝底×高, 而曲边梯形在底边上各点的高 $f(x)$ 在区间 $[a,b]$ 上是变化的, 故它的面积不能直接按矩形的面积公式来计算. 然而, 由于 $f(x)$ 在区间 $[a,b]$ 上是连续变化的, 在很小一段区间上它的变化也很小, 因此, 若把区间 $[a,b]$ 划分为许多个小区间, 在每个小区间上用其

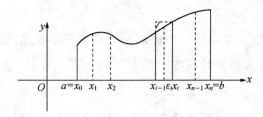

图 7-2

中某一点处的高来近似代替同一小区间上的小曲边梯形的高,则每个小曲边梯形就可以近似看成小矩形,我们就以所有这些小矩形的面积之和作为曲边梯形面积的近似值.当把区间 $[a,b]$ 无限细分,使得每个小区间的长度趋于零时,所有小矩形面积之和的极限就可以定义为曲边梯形的面积(如图 7-2 所示).这个定义同时也给出了计算曲边梯形面积的方法:

(1) **分割** 在区间 $[a,b]$ 中任意插入 $n-1$ 个分点

$$a=x_0<x_1<x_2<\cdots<x_{n-1}<x_n=b,$$

把 $[a,b]$ 分成 n 个小区间 $[x_0,x_1]$,$[x_1,x_2]$,$\cdots$,$[x_{n-1},x_n]$,它们的长度分别为

$$\Delta x_1=x_1-x_0,\ \Delta x_2=x_2-x_1,\ \cdots,\ \Delta x_n=x_n-x_{n-1}.$$

过每一个分点,作平行于 y 轴的直线段,把曲边梯形分成 n 个小曲边梯形.在每个小区间 $[x_{i-1},x_i]$ 任取一点 ξ_i,用以 $[x_{i-1},x_i]$ 为底、$f(\xi_i)$ 为高的小矩形近似代替第 i 个小曲边梯形($i=1,2,\cdots,n$),则第 i 个小曲边梯形的面积近似为 $f(\xi_i)\Delta x_i$.

(2) **求和** 将这样得到的 n 个小矩形的面积之和作为所求曲边梯形面积 A 的近似值,即

$$A\approx f(\xi_1)\Delta x_1+f(\xi_2)\Delta x_2+\cdots+f(\xi_n)\Delta x_n$$

$$=\sum_{i=1}^n f(\xi_i)\Delta x_i.$$

(3) **取极限** 为保证所有小区间的长度趋于零,我们要求小区间长度中最大值趋于零,若记

$$\lambda=\max\{\Delta x_1,\Delta x_2,\cdots,\Delta x_n\},$$

则上述条件可表示为 $\lambda\to 0$,当 $\lambda\to 0$ 时(这时小区间的个数 n 无限增多,即 $n\to\infty$),取上述和式的极限,

便得到曲边梯形的面积

$$A = \lim_{\lambda \to 0} \sum_{i=1}^{n} f(\xi_i) \Delta x_i.$$

2. 变速直线运动的路程

在初等物理中,我们知道,对匀速直线运动有下列公式:

$$路程 = 速度 \times 时间.$$

现在我们来考虑变速直线运动:设某物体作直线运动,已知速度 $v = v(t)$ 是时间间隔 $[T_1, T_2]$ 上 t 的连续函数,且 $v(t) \geqslant 0$,要求物体在这段时间内所经过的路程 s.

在这个问题中,速度随时间 t 而变化,因此,所求路程不能直接按匀速直线运动的公式来计算. 然而,由于 $v(t)$ 是连续变化的,在很短一段时间内,其速度的变化也很小,可近似看作匀速的情形. 因此,若把时间间隔划分为许多个小时间段,在每个小时间段内,以匀速运动代替变速运动,则可以计算出在每个小时间段内路程的近似值;在求和,得到整个路程的近似值;最后,利用求极限的方法算出路程的精确值. 具体步骤如下:

(1) **分割** 在时间间隔 $[T_1, T_2]$ 中任意插入 $n-1$ 个分点

$$T_1 = t_0 < t_1 < t_2 < \cdots < t_{n-1} < t_n = T_2,$$

把 $[T_1, T_2]$ 分成 n 个小时间段区间 $[t_0, t_1]$, $[t_1, t_2]$, $\cdots$, $[t_{n-1}, t_n]$,它们的长度分别为

$$\Delta t_1 = t_1 - t_0, \ \Delta t_2 = t_2 - t_1, \ \cdots, \ \Delta t_n = t_n - t_{n-1}.$$

而各小时间段内物体经过的路程依次为:Δs_1, Δs_2, $\cdots$, Δs_n.

在每个小时间段 $[t_{i-1}, t_i]$ 上取一点 τ_i，以时刻 τ_i 的速度 $v(\tau_i)$ 近似代替 $[t_{i-1}, t_i]$ 上各时刻的速度，得到小时间段 $[t_{i-1}, t_i]$ 内物体经过的路程 Δs_i 的近似值，即

$$\Delta s_i \approx v(\tau_i)\Delta t_i \quad (i=1, 2, \cdots, n);$$

(2) **求和** 将这样得到的 n 个小时间段上路程的近似值之和作为所求变速直线运动路程的近似值，即

$$s = \Delta s_1 + \Delta s_2 + \cdots + \Delta s_n = \sum_{i=1}^{n} \Delta s_i \approx \sum_{i=1}^{n} v(\tau_i)\Delta t_i;$$

(3) **取极限** 记 $\lambda = \max\{\Delta t_1, \Delta t_2, \cdots, \Delta t_n\}$，当 $\lambda \to 0$ 时，去上述和式的极限，使得到变速直线运动路程的精确值

$$s = \lim_{\lambda \to 0} \sum_{i=1}^{n} v(\tau_i)\Delta t_i.$$

二、定积分的定义

从前述两个引例我们看到，无论是求曲边梯形的面积问题，还是求变速直线运动的路程问题，实际背景完全不同，但通过"分割、求和、取极限"，都能转化为形如 $\sum_{i=1}^{n} f(\xi_i)\Delta x_i$ 的和式的极限问题．由此可抽象出定积分的定义．

定义 1 设 $f(x)$ 在 $[a, b]$ 上有界，在 $[a, b]$ 中任意插入若干个分点

$$a = x_0 < x_1 < x_2 < \cdots < x_{n-1} < x_n = b,$$

把区间 $[a, b]$ 分割成 n 个小区间 $[x_0, x_1]$，$[x_1, x_2]$，$\cdots$，$[x_{n-1}, x_n]$，各小区间长度依次为

$$\Delta x_1 = x_1 - x_0, \quad \Delta x_2 = x_2 - x_1, \quad \cdots, \quad \Delta x_n = x_n - x_{n-1}.$$

在每个小区间 $[x_{i-1}, x_i]$ 上任取一点 ξ_i ($x_{i-1} \leqslant \xi_i \leqslant x_i$)，作函数值 $f(\xi_i)$ 与小区间长度 Δx_i 的乘积 $f(\xi_i)\Delta x_i$ ($i=1, 2, \cdots, n$)，并作和式

$$S_n = \sum_{i=1}^{n} f(\xi_i)\Delta x_i,$$

记 $\lambda = \max\{\Delta x_1, \Delta x_2, \cdots, \Delta x_n\}$，如果不论对 $[a, b]$ 怎样的分发，也不论在小区间 $[x_{i-1}, x_i]$ 上点 ξ_i 怎样的取法，只要当 $\lambda \to 0$ 时，和 S_n 总趋于确定的极限 I，我们就称这个极限 I 为函数 $f(x)$ 在区间 $[a, b]$ 上的**定积分**，记为

$$\int_a^b f(x)dx = I = \lim_{\lambda \to 0} \sum_{i=1}^{n} f(\xi_i)\Delta x_i,$$

其中 $f(x)$ 叫做**被积函数**，$f(x)dx$ 叫做**被积表达式**，x 叫做**积分变量**，$[a, b]$ 叫做**积分区间**.

关于定积分的定义，我们要作以下几点说明：

(1) 定积分 $\int_a^b f(x)dx$ 是和式 $\sum_{i=1}^{n} f(\xi_i)\Delta x_i$ 的极限值，即是一个确定的常数. 这个常数只与被积函数 $f(x)$ 和积分区间 $[a, b]$ 有关，而与积分变量用哪个字母表达式无关，即有

$$\int_a^b f(x)dx = \int_a^b f(t)dt = \int_a^b f(u)du.$$

(2) 定义中区间的分法和 ξ_i 的取法是任意的.

(3) $\sum_{i=1}^{n} f(\xi_i)\Delta x_i$ 通常称为函数 $f(x)$ 的积分和. 当函数 $f(x)$ 在区间 $[a, b]$ 上的定积分存在时，我们称 $f(x)$ 在区间 $[a, b]$ 上可积，否则称不可积.

关于定积分，还有一个重要的问题：函数 $f(x)$ 在区间 $[a, b]$ 上满足怎样的条件，$f(x)$ 在区间

$[a,b]$ 上一定可积？这个问题本书不作深入讨论，只给出下面两个定理．

定理 1 若函数 $f(x)$ 在区间 $[a,b]$ 上连续，则 $f(x)$ 在区间 $[a,b]$ 上可积．

定理 2 若函数 $f(x)$ 在区间 $[a,b]$ 上有界，且只有有限个间断点，则 $f(x)$ 在区间 $[a,b]$ 上可积．

根据定积分的定义，本节的两个引例可以简洁表述为：

(1) 由连续曲线 $y=f(x)$ ($f(x)\geqslant 0$)、直线 $x=a$、$x=b$ 及 x 轴所围成的曲边梯形的面积 A 等于函数 $f(x)$ 在区间 $[a,b]$ 上的定积分，即

$$A = \int_a^b f(x) \mathrm{d}x.$$

(2) 以变速 $v=v(t)$ ($v(t)\geqslant 0$) 作直线运动的物体，从时刻 $t=T_1$ 到时刻 $t=T_2$ 所经过的路程 s 等于函数 $v(t)$ 在时间间隔 $[T_1,T_2]$ 上的定积分，即

$$s = \int_{T_1}^{T_2} v(t) \mathrm{d}t.$$

求曲边梯形的面积和求变速直线运动的路程的前两步，即"分割"和"求和"，是初等数学方法的体现，而且也是初等数学方法中形式逻辑思维的体现．只有第三步"取极限"这种蕴含于变量数学中的丰富的辩证逻辑思维，才使得微积分巧妙地、有效地解决了初等数学所不能解决的问题．

求定积分的过程体现了事物变化从量变到质变的完整过程，其中蕴含着丰富的辩证思维．

三、定积分的性质

为了进一步讨论定积分的理论与计算，本节我们要介绍定积分的一些性质. 在下面的讨论中假定被积函数是可积的，同时，为计算和应用方便起见，我们先对定积分作两点补充规定：

(1) 当 $a=b$ 时，$\int_a^b f(x)\mathrm{d}x = 0$；

(2) 当 $a>b$ 时，$\int_a^b f(x)\mathrm{d}x = -\int_b^a f(x)\mathrm{d}x$.

根据上述规定，交换定积分的上下限，其绝对值不变而符号相反. 因此，在下面的讨论中如无特别指出，对定积分上、下限的大小不加限制.

性质 1 $\int_a^b [f(x) \pm g(x)]\mathrm{d}x = \int_a^b f(x)\mathrm{d}x \pm \int_a^b g(x)\mathrm{d}x.$

注：此性质可以推广到有限多个函数的情形.

性质 2 $\int_a^b kf(x)\mathrm{d}x = k\int_a^b f(x)\mathrm{d}x$ (k 为常数).

性质 3 $\int_a^b f(x)\mathrm{d}x = \int_a^c f(x)\mathrm{d}x + \int_c^b f(x)\mathrm{d}x.$

性质 3 表明：定积分对于积分区间具有可加性.

性质 4 $\int_a^b 1\mathrm{d}x = \int_a^b \mathrm{d}x = b-a.$

显然，定积分 $\int_a^b \mathrm{d}x$ 在几何上表示以 $[a,b]$ 为底、$f(x)=1$ 为高的矩形的面积.

性质 5 若在区间 $[a,b]$ 上有 $f(x) \leqslant g(x)$，则

$$\int_a^b f(x)\mathrm{d}x \leqslant \int_a^b g(x)\mathrm{d}x \ (a<b).$$

推论 1 若在区间 $[a,b]$ 上 $f(x) \geqslant 0$，则

$$\int_a^b f(x)\mathrm{d}x \geqslant 0 \ (a<b).$$

推论 2 $\left|\int_a^b f(x)\mathrm{d}x\right| \leqslant \int_a^b |f(x)|\mathrm{d}x \ (a<b).$

例 1 比较积分值 $\int_0^{-2} \mathrm{e}^x \mathrm{d}x$ 和 $\int_0^{-2} x\mathrm{d}x$ 的大小.

解：令 $f(x) = \mathrm{e}^x - x$，$x \in [-2, 0]$，因为 $f(x) > 0$，所以 $\int_{-2}^0 (\mathrm{e}^x - x)\mathrm{d}x > 0$

即 $$\int_{-2}^0 \mathrm{e}^x \mathrm{d}x > \int_{-2}^0 x\mathrm{d}x,$$

从而

$$\int_0^{-2} \mathrm{e}^x \mathrm{d}x < \int_0^{-2} x\mathrm{d}x.$$

性质 6（估值定理） 设 M 及 m 分别是函数 $f(x)$ 在区间 $[a,b]$ 上的最大值及最小值，则

$$m(b-a) \leqslant \int_a^b f(x)\mathrm{d}x \leqslant M(b-a).$$

注：性质 6 有明显的几何意义，即以 $[a,b]$ 为底、$y=f(x)$ 为曲边的曲边梯形的面积 $\int_a^b f(x)\mathrm{d}x$ 介于同一底边而高分别为 m 与 M 的矩形面积 $m(b-a)$ 与 $M(b-a)$ 之间（如图 7-3 所示）.

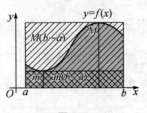

图 7-3

性质7（定积分中值定理） 如果函数 $f(x)$ 在闭区间 $[a,b]$ 上连续，则在 $[a,b]$ 上至少存在一点 ξ，使

$$\int_a^b f(x)\mathrm{d}x = f(\xi)(b-a) \ (a\leqslant \xi \leqslant b).$$

这个公式称为**积分中值公式**.

证明：将性质6的不等式除以区间长度 $b-a$，得

$$m \leqslant \frac{1}{b-a}\int_a^b f(x)\mathrm{d}x \leqslant M.$$

这表明数值 $\frac{1}{b-a}\int_a^b f(x)\mathrm{d}x$ 介于函数 $f(x)$ 的最小值与最大值之间，由闭区间上连续函数的介值定理知，在区间 $[a,b]$ 上至少存在一点 ξ，使

$$\frac{1}{b-a}\int_a^b f(x)\mathrm{d}x = f(\xi),$$

即 $\int_a^b f(x)\mathrm{d}x = f(\xi)(b-a) \ (a\leqslant \xi \leqslant b).$

注：积分中值定理在几何上表示在 $[a,b]$ 上至少存在一点 ξ，使得以 $[a,b]$ 为底、$y=f(x)$ 为曲边的曲边梯形的面积 $\int_a^b f(x)\mathrm{d}x$ 等于同一底边而高为 $f(\xi)$ 的矩形的面积 $f(\xi)(b-a)$（如图 7-4 所示）.

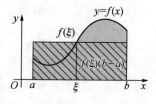

图 7-4

由上述几何解释易见，数值 $\frac{1}{b-a}\int_a^b f(x)\mathrm{d}x$ 表

示连续曲线 $f(x)$ 在区间 $[a,b]$ 上的平均高度，我们称其为函数 $f(x)$ 在区间 $[a,b]$ 上的平均值. 这一概念是对有限个数的平均值概念的拓展. 例如，我们可用它来计算作变速直线运动的物体在指定时间间隔内的平均速度.

练习题 7.1

1. 利用定积分的几何意义，说明下列等式：

(1) $\int_0^1 2x\mathrm{d}x = 1$;

(2) $\int_{-\pi}^{\pi} \sin x\mathrm{d}x = 0$.

2. 估计下列各积分的值：

(1) $\int_1^4 (x^2+1)\mathrm{d}x$;

(2) $\int_0^1 \mathrm{e}^{x^2}\mathrm{d}x$;

(3) $\int_1^2 \dfrac{x}{x^2+1}\mathrm{d}x$.

3. 根据定积分性质及上题结论比较下列每组积分的大小：

(1) $\int_0^1 x^2\mathrm{d}x$, $\int_0^1 x^3\mathrm{d}x$;

(2) $\int_0^1 \mathrm{e}^x\mathrm{d}x$, $\int_0^1 \mathrm{e}^{x^2}\mathrm{d}x$;

(3) $\int_0^1 \mathrm{e}^x\mathrm{d}x$, $\int_0^1 (x+1)\mathrm{d}x$;

(4) $\int_0^{\frac{\pi}{2}} x\mathrm{d}x$, $\int_0^{\frac{\pi}{2}} \sin x\mathrm{d}x$.

§7.2 微积分基本公式

积分学中要解决的两个问题：第一个问题是原函数的求法问题，我们在前面已经对它做了讨论；第二个问题就是定积分的计算问题．如果我们要按定积分的定义来计算定积分，那将是十分困难的．因此，寻求一种计算定积分的有效方法便成为积分学发展的关键．我们知道，不定积分作为原函数的概念与定积分作为积分和的极限的概念是完全不相干的两个概念．但是，牛顿和莱布尼茨不仅发现而且找到了这两个概念之间存在着的深刻的内在联系，即所谓的"微积分基本定理"，并由此巧妙地开辟了求定积分的新途径——牛顿—莱布尼茨公式，从而使积分学与微分学一起构成变量数学的基础学科——微积分学．牛顿和莱布尼茨也因此作为微积分学的奠基人而载入史册．

一、引例

设有一物体在一直线上运动．在这一直线上取定原点、正向及单位长度，使其成为一数轴．设时刻 t 时物体所在位置为 $s(t)$，速度为 $v=v(t)$（$v(t)\geqslant 0$），则从上节知道，物体在时间间隔 $[T_1, T_2]$ 内经过的路程为

$$s = \int_{T_1}^{T_2} v(t)\,\mathrm{d}t$$

另一方面，这段路程又可表示为位置函数 $s(t)$ 在 $[T_1, T_2]$ 上的增量 $s(T_2)-s(T_1)$．由此可见，位置

函数 $s(t)$ 与速度函数 $v(t)$ 有如下关系：
$$\int_{T_1}^{T_2} v(t)\,dt = s(T_2) - s(T_1).$$

因为 $s'(t) = v(t)$，即位置函数 $s(t)$ 是速度函数 $v(t)$ 的原函数，所以，求速度函数 $v(t)$ 在时间间隔 $[T_1, T_2]$ 内经过的路程就转化为求 $v(t)$ 的原函数 $s(t)$ 在 $[T_1, T_2]$ 上的增量.

这个结论是否具有普通性呢？即，一般地，函数 $f(x)$ 在区间 $[a, b]$ 上的定积分 $\int_a^b f(x)\,dx$ 是否等于 $f(x)$ 的原函数 $F(x)$ 在 $[a, b]$ 上的增量呢？下面我们将具体来讨论之.

二、积分上限的函数及其导数

设函数 $f(x)$ 在区间 $[a, b]$ 上连续，x 是 $[a, b]$ 上的一点，则由 $\Phi(x) = \int_a^x f(t)\,dt$ 所定义的函数成为积分上限的函数（或变上限的函数）.

上式中积分变量和积分上限有时都用 x 表示，但它们的含义并不相同，为了区别它们，常将积分变量改用 t 来表示，即
$$\Phi(x) = \int_a^x f(x)\,dx = \int_a^x f(t)\,dt.$$

$\Phi(x)$ 的几何意义是右侧直线可移动的曲边梯形的面积（如图 7-5 所示），曲边梯形的面积 $\Phi(x)$ 随 x 的位置的变动而改变，当 x 给定后，面积 $\Phi(x)$ 就随之而定.

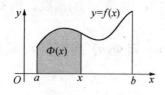

图 7-5

关于 $\Phi(x)$ 的可导性，我们有：

定理 1 若函数 $f(x)$ 在区间 $[a,b]$ 上连续，则积分上限的函数

$$\Phi(x) = \int_a^x f(t)\mathrm{d}t,\ x \in [a,b]$$

在 $[a,b]$ 上可导，且

$$\Phi'(x) = \frac{\mathrm{d}}{\mathrm{d}x}\int_a^x f(t)\mathrm{d}t = f(x)\ (a \leqslant x \leqslant b).$$

注：定理 1 揭示了微分（或导数）与定积分这两个定义不相干的概念之间的内在联系，因而称为微积分基本定理．

利用复合函数的求导法则，可进一步得到下列公式：

(1) $\dfrac{\mathrm{d}}{\mathrm{d}x}\displaystyle\int_a^{\varphi(x)} f(t)\mathrm{d}t = f[\varphi(x)]\varphi'(x)$；

(2) $\dfrac{\mathrm{d}}{\mathrm{d}x}\displaystyle\int_{a(x)}^{b(x)} f(t)\mathrm{d}t = f[b(x)]b'(x) - f[a(x)]a'(x).$

上述公式的证明请读者自己完成．

例 1 求 $\dfrac{\mathrm{d}}{\mathrm{d}x}\Big[\displaystyle\int_0^x \cos^2 t\,\mathrm{d}t\Big].$

解：$\dfrac{\mathrm{d}}{\mathrm{d}x}\Big[\displaystyle\int_0^x \cos^2 t\,\mathrm{d}t\Big] = \cos^2 x.$

例 2 求 $\dfrac{\mathrm{d}}{\mathrm{d}x}\Big[\displaystyle\int_1^{x^3} \mathrm{e}^t\,\mathrm{d}t\Big].$

解：这里 $\int_1^{x^3} e^t dt$ 是 x^3 的函数，因而是 x 的复合函数，令 $x^3 = u$，则 $\Phi(u) = \int_1^u e^t dt$，根据复合函数求导法则，有

$$\frac{d}{dx}\left[\int_1^{x^3} e^t dt\right] = \frac{d}{du}\left[\int_1^u e^t dt\right] \cdot \frac{du}{dx}$$

$$= \Phi'(u) \cdot 3x^2$$

$$= 3x^2 e^{x^3}.$$

三、牛顿—莱布尼茨公式

定理 1 是在被积函数连续的条件下证得的，因而，这也证明了"连续函数必存在原函数"的结论. 故有如下原函数的存在定理.

定理 2 若函数 $f(x)$ 在区间 $[a,b]$ 上连续，则函数

$$\Phi(u) = \int_a^x f(t) dt$$

就是 $f(x)$ 在 $[a,b]$ 上的一个原函数.

定理 2 的重要意义在于：一方面肯定了连续函数的原函数是存在的，另一方面初步揭示了积分学中定积分与原函数的联系. 因此，我们就有可能通过原函数来计算定积分.

定理 3 若函数 $F(x)$ 是连续函数 $f(x)$ 在区间 $[a,b]$ 上的一个原函数，则

$$\int_a^b f(x) dx = F(b) - F(a)$$

这个公式成为**牛顿—莱布尼茨公式**.

注：根据上节定积分的补充规定可知，当 $a > b$

时,牛顿—莱布尼茨公式仍成立.

由于 $f(x)$ 的原函数 $F(x)$ 一般可通过求不定积分求得,因此,牛顿—莱布尼茨公式巧妙地把定积分的计算问题与不定积分联系起来,转化为求被积函数的一个原函数在区间 $[a,b]$ 上的增量的问题.

牛顿—莱布尼茨公式也称为**微积分基本公式**.

例3 求定积分 $\int_0^1 x^2 \mathrm{d}x$.

解:因 $\dfrac{x^3}{3}$ 是 x^2 的一个原函数,由牛顿—莱布尼茨公式,有

$$\int_0^1 x^2 \mathrm{d}x = \dfrac{x^3}{3}\bigg|_0^1 = \dfrac{1}{3} - \dfrac{0}{3} = \dfrac{1}{3}.$$

例4 求定积分 $\int_{-\pi/2}^{\pi/3} \sqrt{1-\cos^2 x}\,\mathrm{d}x$.

解:
$$\int_{-\pi/2}^{\pi/3} \sqrt{1-\cos^2 x}\,\mathrm{d}x$$
$$= \int_{-\pi/2}^{\pi/3} |\sin x|\,\mathrm{d}x$$
$$= -\int_{-\pi/2}^{0} \sin x\,\mathrm{d}x + \int_0^{\pi/3} \sin x\,\mathrm{d}x$$
$$= \cos x\bigg|_{-\pi/2}^{0} - \cos x\bigg|_0^{\pi/3}$$
$$= \dfrac{3}{2}.$$

练习题 7.2

1. 设 $y = \int_0^x \sin t\,\mathrm{d}t$,求 $y'(0)$,$y'\left(\dfrac{\pi}{4}\right)$.

2. 求下列函数的倒数:

(1) $F(x) = \int_0^x xf(t)\,dt$；

(2) $F(x) = \sin(\int_0^{x^2} f(t)\,dt)$；

(3) $F(x) = \int_0^{x^2} \sqrt{1+t^3}\,dt$；

(4) $F(x) = \int_{x^2}^{x^3} \dfrac{dt}{\sqrt{1+t^4}}$；

(5) $F(x) = \int_{\sin x}^{\cos x} \cos(\pi t^2)\,dt$.

3. 求下列极限：

(1) $\lim\limits_{x \to 0} \dfrac{\int_0^x \cos t^2\,dt}{x}$；

(2) $\lim\limits_{x \to 0} \dfrac{\int_0^x \arctan t\,dt}{x^2}$.

4. 计算下列各定积分：

(1) $\int_1^2 \left(x^2 + \dfrac{1}{x^4}\right)dx$；

(2) $\int_4^9 \sqrt{x}(1+\sqrt{x})\,dx$；

(3) $\int_0^{\sqrt{3}a} \dfrac{1}{a^2+x^2}\,dx$；

(4) 设 $f(x) = \begin{cases} x+1, & x \leqslant 1 \\ 2x^2, & x > 1 \end{cases}$，求 $\int_0^2 f(x)\,dx$.

(5) $\int_0^{\pi} |\cos x|\,dx$

(6) $\int_{-4}^{-2} 2^x\,dx$

§7.3 定积分的换元积分法和分部积分法

由微积分基本公式知道，求定积分 $\int_a^b f(x)\mathrm{d}x$ 的问题可转化为求被积函数 $f(x)$ 的原函数在区间 $[a,b]$ 上的增量的问题．从而在求不定积分时应用的换元积分法和分部积分法在求定积分时仍适用，本节将具体讨论之，请读者注意其与不定积分的差异．

一、定积分换元积分法

定理 1 设函数 $f(x)$ 在闭区间 $[a,b]$ 上连续，函数 $x=\varphi(t)$ 满足条件：

(1) $\varphi(\alpha)=a$，$\varphi(\beta)=b$，且 $a\leqslant\varphi(t)\leqslant b$，

(2) $\varphi(t)$ 在 $[\alpha,\beta]$（或 $[\beta,\alpha]$）上具有连续导数，则有

$$\int_a^b f(x)\mathrm{d}x = \int_\alpha^\beta f[\varphi(t)]\varphi'(t)\mathrm{d}t.$$

称为**定积分的换元公式**．

定积分的换元公式与不定积分的换元公式很类似．但是，在应用定积分的换元公式时应注意以下两点：

(1) 用 $x=\varphi(t)$ 把变量 x 换成新变量 t 时，积分限也要换成相应于新变量 t 的积分限，且上限对应于上限，下限对应于下限；

(2) 求出 $f[\varphi(t)]\varphi'(t)$ 的一个原函数 $\Phi(t)$ 后，

不必像计算不定积分那样再把 $\Phi(t)$ 变换成原变量 x 的函数，只需直接求出 $\Phi(t)$ 在新变量 t 的积分区间上的增量即可.

例 1 求定积分 $\int_0^{\pi/2} \cos^5 x \sin x \, dx$.

解：令 $t = \cos x$，则 $dt = -\sin x \, dx$，且当 $x = \pi/2$ 时，$t = 0$；当 $x = 0$ 时，$t = 1$.

所以
$$\int_0^{\pi/2} \cos^5 x \sin x \, dx = -\int_1^0 t^5 \, dt = \int_0^1 t^5 \, dt$$
$$= \frac{t^6}{6} \Big|_0^1 = \frac{1}{6}.$$

注：本例中，如果不明确写出新变量 t，则定积分的上、下限就不需要改变，重新计算如下：
$$\int_0^{\pi/2} \cos^5 x \sin x \, dx = -\int_0^{\pi/2} \cos^5 x \, d(\cos x)$$
$$= -\frac{\cos^6 x}{6} \Big|_0^{\pi/2}$$
$$= -\left(0 - \frac{1}{6}\right) = \frac{1}{6}.$$

例 2 求定积分 $\int_0^a \sqrt{a^2 - x^2} \, dx \ (a > 0)$.

解：令 $x = a \sin t$，则 $dx = a \cos t \, dt$，且当 $x = 0$ 时，$t = 0$；当 $x = a$ 时，$t = \pi/2$.
$$\sqrt{a^2 - x^2} = a\sqrt{1 - \sin^2 t} = a|\cos t| = a\cos t.$$

所以
$$\int_0^a \sqrt{a^2 - x^2} \, dx = a^2 \int_0^{\pi/2} \cos^2 t \, dt$$
$$= a^2 \int_0^{\pi/2} \frac{1 + \cos 2t}{2} \, dt$$

$$= \frac{a^2}{2} \int_0^{\pi/2} (1+\cos 2t)\mathrm{d}t$$

$$= \frac{a^2}{2}\left(t + \frac{1}{2}\sin 2t\right)\Big|_0^{\pi/2}$$

$$= \frac{\pi a^2}{4}.$$

注：利用定积分的几何意义，易直接得到本例的计算结果．

例 3 求定积分 $\int_1^4 \frac{\mathrm{d}x}{1+\sqrt{x}}$．

解：先求 $\frac{1}{1+\sqrt{x}}$ 的原函数，令 $\sqrt{x}=t$，则 $x=t^2$，$\mathrm{d}x=2t\mathrm{d}t$，

$$\int \frac{\mathrm{d}x}{1+\sqrt{x}} = \int \frac{2t}{1+t}\mathrm{d}t$$

$$= 2\int\left(1 - \frac{1}{1+t}\right)\mathrm{d}t$$

$$= 2(t - \ln|1+t|) + C$$

因为当 $x=1$ 时，$t=1$；$x=4$ 时，$t=2$，所以

$$\int_1^4 \frac{\mathrm{d}x}{1+\sqrt{x}} = \int_1^2 \frac{2t}{1+t}\mathrm{d}t$$

$$= 2(t - \ln|1+t|)\Big|_1^2$$

$$= 2\left(1 + \ln\frac{2}{3}\right).$$

本例的步骤是：

(1) 换元，令 $\sqrt{x}=t$，$x=t^2$，则 $\mathrm{d}x=2t\mathrm{d}t$．

(2) 变限，即确定新积分变量的积分限．当 $x=1$ 时，$t=1$；$x=4$ 时，$t=2$．

(3) 用牛顿—莱布尼茨公式计算新积分．

例 4 若 $f(x)$ 在 $[-a, a]$ 上连续，则

(1) 当 $f(x)$ 为偶函数，有
$$\int_{-a}^{a} f(x) dx = 2\int_{0}^{a} f(x) dx;$$

(2) 当 $f(x)$ 为奇函数，有 $\int_{-a}^{a} f(x) dx = 0$.

证明：因为
$$\int_{-a}^{a} f(x) dx = \int_{-a}^{0} f(x) dx + \int_{0}^{a} f(x) dx,$$

在上式右端第一项中令 $x=-t$，则
$$\int_{-a}^{0} f(x) dx = -\int_{a}^{0} f(-t) dt$$
$$= \int_{0}^{a} f(-t) dt$$
$$= \int_{0}^{a} f(-x) dx,$$

于是
$$\int_{-a}^{a} f(x) dx = \int_{0}^{a} f(x) dx + \int_{0}^{a} f(-x) dx,$$

(1) 当 $f(x)$ 为偶函数，即 $f(-x)=f(x)$，所以
$$\int_{-a}^{a} f(x) dx = 2\int_{0}^{a} f(x) dx;$$

(2) 当 $f(x)$ 为奇函数，即 $f(-x)=-f(x)$，则
$$\int_{-a}^{a} f(x) dx = 0.$$

例5 求定积分 $\int_{-1}^{1} (|x|+\sin x) x^2 dx$.

解：因为积分区间关于原点对称，且 $|x|x^2$ 为偶函数，$\sin x \cdot x^2$ 为奇函数，所以
$$\int_{-1}^{1} (|x|+\sin x) x^2 dx = \int_{-1}^{1} |x| x^2 dx$$
$$= 2\int_{0}^{1} x^3 dx = 2 \cdot \frac{x^4}{4}\Big|_{0}^{1} = \frac{1}{2}.$$

二、定积分的分部积分法

设函数 $u=u(x)$, $v=v(x)$ 在区间 $[a, b]$ 上具有连续导数,则
$$d(uv)=udv+vdu,$$
移项得
$$udv=d(uv)-vdu$$
于是
$$\int_a^b u\,dv = \int_a^b d(uv) - \int_a^b v\,du,$$
即
$$\int_a^b u\,dv = [uv]\Big|_a^b - \int_a^b v\,du,$$
或
$$\int_a^b uv'\,dx = [uv]\Big|_a^b - \int_a^b vu'\,dx.$$

这就是定积分的分部积分公式. 与不定积分的分部积分公式不同的是,这里可将原函数已经积出的部分 uv 先用上、下限代入.

例 6 求定积分 $\int_1^3 \ln x\,dx$.

解: $\int_1^3 \ln x\,dx = x\ln x\Big|_1^3 - \int_1^3 x\,d(\ln x)$

$\qquad = (3\ln 3 - 0) - \int_1^3 x\cdot\dfrac{1}{x}\,dx$

$\qquad = 3\ln 3 - \int_1^3 dx$

$\qquad = 3\ln 3 - x\Big|_1^3$

$\qquad = 3\ln 3 - (3-1)$

$\qquad = 3\ln 3 - 2.$

例 7 求定积分 $\int_0^1 xe^{-x}\,dx$.

解: $\int_0^1 xe^{-x}\,dx = -\int_0^1 x\,d(e^{-x})$

$$= -\left(xe^{-x}\Big|_0^1 - \int_0^1 e^{-x}dx\right)$$

$$= -\left[(e^{-1} - 0) + \int_0^1 e^{-x}d(-x)\right]$$

$$= -\left(e^{-1} + e^{-x}\Big|_0^1\right)$$

$$= -[e^{-1} + (e^{-1} - 1)]$$

$$= 1 - 2e^{-1}.$$

例 8 求定积分 $\int_0^{1/2} \arcsin x dx$.

解:

$$\int_0^{1/2} \arcsin x dx = [x\arcsin x]\Big|_0^{1/2} - \int_0^{1/2} \frac{x}{\sqrt{1-x^2}} dx$$

$$= \frac{1}{2} \cdot \frac{\pi}{6} + \frac{1}{2} \int_0^{1/2} \frac{1}{\sqrt{1-x^2}} d(1-x^2)$$

$$= \frac{\pi}{12} + [\sqrt{1-x^2}]\Big|_0^{1/2}$$

$$= \frac{\pi}{12} + \frac{\sqrt{3}}{2} - 1.$$

练习题 7.3

1. 用定积分换元法计算下列定积分：

(1) $\int_{\frac{\pi}{3}}^{\pi} \sin\left(x + \frac{\pi}{3}\right) dx$;

(2) $\int_{-2}^{1} \frac{dx}{(11+5x)^3}$;

(3) $\int_0^{\frac{\pi}{2}} \sin\varphi \cos^3\varphi d\varphi$;

(4) $\int_{\frac{\pi}{6}}^{\frac{\pi}{2}} \cos^2 u du$;

(5) $\int_0^1 t e^{-\frac{t^2}{2}} dt$;

(6) $\int_0^{\sqrt{2}a} \dfrac{x dx}{\sqrt{3a^2-x^2}}$;

(7) $\int_1^{e^2} \dfrac{dx}{x\sqrt{1+\ln x}}$.

2. 用分部积分法计算下列定积分：

(1) $\int_0^1 x e^{-x} dx$; (2) $\int_1^e x \ln x dx$;

(3) $\int_0^1 x \arctan x dx$; (4) $\int_1^4 \dfrac{\ln x}{\sqrt{x}} dx$;

(5) $\int_0^{2\pi} x \cos^2 x dx$; (6) $\int_0^{\pi/2} x \sin 2x dx$;

(7) $\int_0^{\pi/2} e^{2x} \cos x dx$

3. 利用函数的奇偶性计算下列定积分：

(1) $\int_{-\pi}^{\pi} x^4 \sin x dx$;

(2) $\int_{-\sqrt{3}}^{\sqrt{3}} |\arctan x| dx$.

§7.4 定积分的应用

一、平面图形的面积.

根据定积分的几何意义，可以求出下面几种类型平面图形的面积：

(1) 由曲线 $y=f(x)$、直线 $x=a$，$x=b$ 及 x 轴所围成的平面图形的面积.

① 若 $f(x) \geqslant 0$，如图 7-6 所示，则其面积为

$$S = \int_a^b f(x)\mathrm{d}x$$

② 若 $f(x) \leqslant 0$，如图 7-7 所示，其面积为

$$S = -\int_a^b f(x)\mathrm{d}x$$

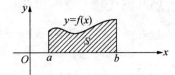

图 7-6

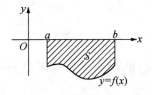

图 7-7

③ 若 $f(x)$ 在积分区间 $[a, b]$ 内既有取正值的部分，也有取负值的部分. 如图 7-8 所示，其面积为

$$S = \int_a^{c_1} f(x)\mathrm{d}x - \int_{c_1}^{c_2} f(x)\mathrm{d}x + \int_{c_2}^b f(x)\mathrm{d}x,$$

或

$$S = \int_a^{c_1} f(x)\mathrm{d}x + \int_{c_1}^{c_2} f(x)\mathrm{d}x + \int_{c_2}^b f(x)\mathrm{d}x.$$

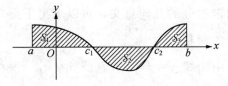

图 7-8

综上所述，由曲线 $y=f(x)$、直线 $x=a$，$x=b$ 及 x 轴所围成的平面图形面积为

$$S=\int_a^b|f(x)|\mathrm{d}x.$$

(2) 由曲线 $y=f(x)$，$y=g(x)$ 及直线 $x=a$，$s=b$ 所围成的平面图形的面积.

我们设曲线 $y=f(x)$ 位于曲线 $y=g(x)$ 的上方，如图 7-9 与图 7-10 所示，则其面积为

$$S=\int_a^b f(x)\mathrm{d}x-\int_a^b g(x)\mathrm{d}x,$$

或

$$S=\int_a^b[f(x)-g(x)]\mathrm{d}x.$$

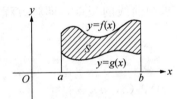

图 7-9

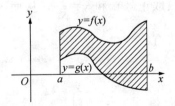

图 7-10

(3) 由曲线 $x=\varphi(y)$，$x=\phi(y)$ 及直线 $y=a$，$y=b$ 所围成的平面图形的面积.

我们设曲线 $x=\varphi(y)$ 位于曲线 $x=\phi(y)$ 的右侧,如图 7-11 所示,则其面积为

$$S=\int_a^b \varphi(y)\mathrm{d}y - \int_a^b \phi(y)\mathrm{d}y$$

$$=\int_a^b [\varphi(y)-\phi(y)]\mathrm{d}y$$

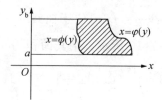

图 7-11

例 1 求下面两条曲线围成的平面图形的面积:

$$y^2=ax \text{ 和 } ay=x^2 \quad (a>0)$$

解:(1) 求两曲线的交点,即解方程组:

$$\begin{cases} y^2=ax, \\ ay=x^2, \end{cases}$$

得交点为 $(0,0)$,(a,a).

(2) 画出两条曲线的图形,如图 7-12 所示,它们均为抛物线,并将它们的方程变形为 $y=\pm\sqrt{ax}$(图 7-12 中只取正号)和 $y=\dfrac{x^2}{a}$,从而,利用平面图形求面积公式有

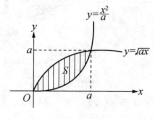

图 7-12

$$S = \int_0^a \left(\sqrt{ax} - \frac{x^2}{a}\right) dx = \sqrt{a}\int_0^a x^{\frac{1}{2}} dx - \frac{1}{a}\int_0^a x^2 dx$$

$$= \sqrt{a} \cdot \frac{2}{3} x^{\frac{3}{2}} \Big|_0^a - \frac{1}{a} \cdot \frac{1}{3} x^3 \Big|_0^a$$

$$= \frac{1}{3} a^2$$

例 2 如图 7-13 所示求抛物线 $y^2 = 2x$ 与直线 $y = x - 4$ 所围成的平面图形的面积.

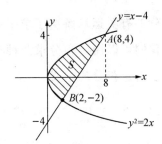

图 7-13

解法 1：求曲线与直线的交点，即解方程组

$$\begin{cases} y^2 = 2x \\ y = x - 4 \end{cases}$$

得：交点为（2，-2）和（8，4），若把该平面图形视为以 y 轴为底的曲边梯形，并将曲线方程变为 $x = \frac{y^2}{2}$，直线方程为 $x = y + 4$，则由求平面图形的面积的公式，有：

$$S = \int_{-2}^4 \left(y + 4 - \frac{y^2}{2}\right) dy = \left(\frac{y^2}{2} + 4y - \frac{1}{6} y^3\right) \Big|_{-2}^4$$

$$= 18$$

解法 2：若把该平面图形视为由以 x 轴为底边的几个小曲梯形构成，并得抛物线方程变形为 $y =$

$\pm\sqrt{2x}$，则由平面图形面积公式有

$$S = \int_0^2 [\sqrt{2x} - (-\sqrt{2x})]\mathrm{d}x + \int_2^8 [\sqrt{2x} - (x-4)]\mathrm{d}x$$
$$= 18$$

上述两种解法中，显然第一种解法较简便，我们在求平面图形的面积时，应注意对公式的适当选择.

2. 空间立体图形的体积

我们由曲边梯形的面积，导出了定积分的定义，从而利用定积分的有关运算解决了求平面图形面积的问题. 同样，我们可以用定积分求两种类型的空间立体图形的体积，由定积分的定义，

$$\int_a^b f(x)\mathrm{d}x = \lim_{d \to 0} \sum_{i=1}^n f(\xi_i)\Delta x_i$$

若将积分元素 $f(\xi_i)\Delta x_i$ 对应于被积表达式 $f(x)\mathrm{d}x$，积分和 $\sum_{i=1}^n f(\xi_i)\Delta x_i$ 的极限对应于 $f(x)\mathrm{d}x$ 从 a 到 b 的定积分，则定积分的定义可简化为两步：

第一步，求出 $f(x)\mathrm{d}x$（相当于写出 $f(\xi_i)\Delta x_i$）；

第二步，求定积分 $\int_a^b f(x)\mathrm{d}x$（相当于求 $\sum_{i=1}^n f(\xi_i)\Delta x_i$ 的极限）.

我们称上述两个步骤为定积分的微元分析，下面就用微元分析思路求空间立体图形的体积.

2.1 平行截面面积为以知的立体的体积

设有一个立体，它被垂直于某条直线（例如 x 轴）的平面所截的截面面积 $S(x)$ 为 x 的连续函数，且此物体的位置在平面 $x=a$ 与 $x=b$ 之间，如图7-14所示，求其面积 V，

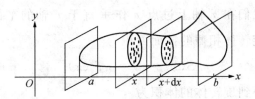

图 7-14

过点 x 与 $x+\mathrm{d}x$ 处作两垂直于 x 轴的平面，所截下的立体的体积为 $\mathrm{d}V$，因为 $\mathrm{d}x$ 很小，故视此小立体为柱体，以知其底面积为 $S(x)$，高为 $\mathrm{d}x$，故有 $\mathrm{d}V=S(x)\mathrm{d}x$.

我们用定积分的微元分析思路，该立体的体积为

$$V=\int_a^b \mathrm{d}V=\int_a^b S(x)\mathrm{d}x.$$

同理，若某立体被垂直与某直线（y 轴）的平面所截的截面面积 $S(y)$ 为 y 的连续函数，且此物体位于平面 $y=a$ 与 $y=b$ 之间，则其体积为

$$V=\int_a^b S(y)\mathrm{d}y.$$

2.2 旋转体的体积

设立体是以连续曲线 $y=f(x)$，直线 $x=a$，$x=b$ 及 x 轴所围成的平面图形绕 x 轴旋转而得的旋转体，如图 7-15 所示，求其体积 V，

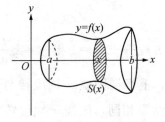

图 7-15

我们在 x 轴上过点 x 作垂直于 x 轴的平面,得到与旋转体相截的截面面积为

$$S(x) = \pi y^2 = \pi f^2(x).$$

从而得到旋转体的体积为

$$V_x = \int_a^b \pi f^2(x) \mathrm{d}x = \pi \int_a^b f^2(x) \mathrm{d}x.$$

同理,若立体是以连续曲线 $x = \varphi(y)$、直线 $y = a$、$y = b$ 及 y 轴所围成的平面图形绕 y 轴旋转而得的旋转体(如图 7-16 所示),则其体积为

$$V_y = \int_a^b \pi \varphi^2(y) \mathrm{d}y$$

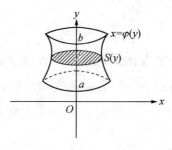

图 7-16

例 3 求椭圆 $\dfrac{x^2}{a^2} + \dfrac{y^2}{b^2} = 1$ 分别绕 x 轴与 y 轴旋转而得的旋转体的体积.

解:(1)求椭圆绕 x 轴旋转而得的旋转体的体积 V_x.

由椭圆的方程 $\dfrac{x^2}{a^2} + \dfrac{y^2}{b^2} = 1$ 得 $y = \pm \dfrac{b}{a} \sqrt{a^2 - x^2}$(如图 7-17 所示),上半椭圆绕 x 轴旋转与下半椭圆绕 x 轴旋转而得的结果相同,故绕 x 轴旋转的旋转体的体积为

$$V_x = \int_{-a}^{a} \pi y^2 \, dx$$

$$= \pi \int_{-a}^{a} \frac{b^2}{a^2}(a^2 - x^2) \, dx$$

$$= 2\pi \cdot \frac{b^2}{a^2} \int_{0}^{a} (a^2 - x^2) \, dx$$

$$= 2\pi \cdot \frac{b^2}{a^2} \left(a^2 x - \frac{1}{3} x^3 \right) \Big|_{0}^{a}$$

$$= \frac{4}{3} \pi a b^2.$$

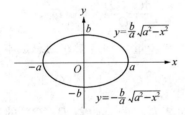

图 7-17

(2) 同理得椭圆绕 y 轴旋转而得的旋转体的体积为

$$V_y = \int_{-b}^{b} \pi x^2 \, dy$$

$$= 2\pi \frac{a^2}{b^2} \int_{0}^{b} (b^2 - y^2) \, dy$$

$$= 2\pi \cdot \frac{a^2}{b^2} \left(b^2 y - \frac{1}{3} y^3 \right) \Big|_{0}^{b}$$

$$= \frac{4}{3} \pi a^2 b.$$

特例：若 $a = b = R$ 即得球体的体积公式为 $V = \frac{4}{3} \pi R^3$.

3. 定积分在经济问题中的应用举例

3.1 由边际函数求原函数

我们按定积分的微元分析思路，可得如下结果：

(1) 已知某产品总产量 Q 的变化率为

$$\frac{dQ}{dt} = f(t)$$

则该产品在时间区间 $[a, b]$ 内的总产量为

$$Q = \int_a^b f(t) dt$$

(2) 已知某产品的总成本 $C_T(Q)$ 的边际成本为

$$\frac{dC_T(Q)}{dQ} = C_M(Q),$$

则该产品从生产产量 a 到产量 b 的总成本为

$$C_T(Q) = \int_a^b C_M(Q) dQ.$$

(3) 已知某商品的总收益 $R_T(Q)$ 的边际收益为 $R_M(Q)$，则销售 N 个单位时的总收益为

$$R_t(Q) = \int_0^N R_M(Q) dQ.$$

在经济管理中，由边际函数求总函数（即原函数），一般采用不定积分来解决，如果要求总函数在某个范围的改变量，则采用定积分来解决。

例 4 已知某产品总产量的变化率为

$$\frac{dQ}{dt} = 40 + 12t - \frac{3}{2}t^2 \quad (单位/天),$$

求从第 2 天到第 10 天产品的总产量.

解： 所求的总产量为

$$Q = \int_2^{10} \frac{dQ}{dt} \cdot dt$$

$$= \int_2^{10} \left(40 + 12t - \frac{3}{2}t^2\right) dt$$

$$= \left(40t + 6t^2 - \frac{1}{2}t^3\right)\Big|_2^{10}$$
$$= (400 + 600 - 500) - (80 + 24 - 4)$$
$$= 400 \text{（单位）}$$

故在时间区间 $[2, 10]$ 内的品总产量为 400 单位.

例 5 某产品的总成本 $C_T(Q)$（单位：万元）的边际成本为 $C_M(Q) = 1$（万元/百台），总收入 $R_T(Q)$（单位：万元）的边际收入 $R_M(Q) = 5Q$（单位：万元/百台），其中 Q 为产量，固定成本为 1 万元，问：

(1) 产量等于多少时总利润 $L(Q)$ 最大？

(2) 从利润最大时再生产一百台，总利润增加多少？

解 (1) 因为 $C_M(Q) = 1$，故
$$C_T(Q) = \int 1 \mathrm{d}Q = Q + C$$

又 $C_T(Q)\big|_{Q=0} = 1$，得总成本函数为
$$C_T(Q) = Q + 1.$$

(2) 求总收入函数

边际收入 $R_M(Q) = 5 - Q$，
$$R_T(Q) = \int R_M(Q)\mathrm{d}Q = \int (5-Q)\mathrm{d}Q$$
$$= 5Q - \frac{1}{2}Q^2 + C.$$

又 $R_T(Q)\big|_{Q=0} = 0$，

得 $C = 0$. 故总收入函数为
$$R_T(Q) = 5Q - \frac{1}{2}Q^2.$$

(3) 求总利润函数

设总利润记为 $L(Q)$，则

$$L(Q) = R_T(Q) - C_T(Q)$$
$$= 5Q - \frac{1}{2}Q^2 - Q - 1$$
$$= 4Q - \frac{1}{2}Q^2 - 1$$

(4) 求最大利润

$L'(Q) = 4 - Q$，令 $L'(Q) = 0$ 得 $4 - Q = 0$，即 $Q = 4$（百台）.

因本例是一个实际问题，最大利润是存在的，而极大值点又唯一，则在 $Q = 4$（百台）时，利润最大，其值为

$$L(4) = 4 \times 4 - \frac{1}{2} \cdot 4^2 - 1 = 7 \text{（万元）}$$

(5) 从 $Q = 4$ 百台增加到 $Q = 5$ 百台时，总利润的增加量为

$$\int_4^5 L'(Q) dQ = \int_4^5 (4 - Q) dQ = \left(4Q - \frac{1}{2}Q^2\right)\bigg|_4^5$$
$$= 7.5 - 8 = -0.5 \text{（万元）}.$$

即从利润最大时的产量又多生产了 100 台，总利润减少了 0.5 万元.

练习题 7.4

1. 求下列平面图形的面积：

(1) 曲线 $xy = 1$ 及直线 $y = x$ 和 $y = 2$ 所围的平面图形；

(2) 曲线 $y = |\lg x|$ 与直线 $x = 0.1$，$x = 10$ 和 x 轴所围的平面图形；

(3) 曲线 $y=\cos x$ 在 $[0,2\pi]$ 内与 x 轴、y 轴及直线 $x=2\pi$ 所围成的平面图形.

2. 求下列旋转体的体积：

(1) 曲线 $y=\sqrt{x}$ 与直线 $x=1$，$x=4$ 和 x 轴所围成的平面图形绕 x 轴和 y 轴旋转而得的旋转体.

(2) 曲线 $y=\sin x$ 和 $y=\cos x$ 与 x 轴在区间 $\left[0,\dfrac{\pi}{2}\right]$ 上所围的平面图形绕 x 轴旋转而得的旋转体；

3. 已知某产品生产 Q 个单位时，边际收益为 $R_M(Q)=200-\dfrac{Q}{100}$，$Q\geqslant 0$，

(1) 求生产了 50 个单位时的总收益 R_T；

(2) 如果已经生产了 100 个单位，求如果再生产 100 个单位总收益将增加多少？

4. 某工厂生产某产品 Q 百台的总成本 $C_T(Q)$（单位：万元）的边际成本为 $C_M(Q)=2$（设固定成本为零，单位为：万元/百台），总收入（单位：万元）的边际收入为 $R_M(Q)=7-2Q$（单位：万元/百台），求：

(1) 生产量为多少时总利润为最大？

(2) 在利润为最大的生产量基础上又生产了 50 台，总利润减少了多少？

第七章 复习题

一、选择

1. 函数 $f(x)$ 在区间 $[a,b]$ 上连续是 $f(x)$ 在 $[a,b]$ 上可积（　　）.

A. 必要条件

B. 充分条件

C. 充分必要条件

D. 既非充分也非必要条件

2. 下列等式不正确的是（　　）.

A. $\dfrac{d}{dx}\left[\int_a^b f(x)dx\right] = f(x)$

B. $\dfrac{d}{dx}\left[\int_a^{b(x)} f(t)dt\right] = f[b(x)]b'(x)$

C. $\dfrac{d}{dx}\left[\int_a^x f(x)dx\right] = f(x)$

D. $\dfrac{d}{dx}\left[\int_a^x F'(t)dt\right] = F'(x)$

3. $\lim\limits_{x\to 0}\dfrac{\int_0^x \sin t\,dt}{\int_0^x t\,dt}$ 的值等于（　　）

A. -1　　B. 0　　C. 1　　D. 2

4. 设 $f(x) = x^3 + x$，则 $\int_{-2}^{2} f(x)dx$ 的值等于（　　）.

A. 0　　　　　　　　B. 8

C. $\int_0^2 f(x)dx$　　　　D. $2\int_0^2 f(x)dx$

二、判断

1. $\left[\int_a^b f(x)dx\right]' = 0.$　　　　（　　）

2. 定积分的值只与被积函数有关，与积分变量无关.　　（　　）

3. $\int_a^b [f(x) + g(x)]dx = \int_a^b f(x)dx + \int_a^b g(x)dx.$

（　　）

4. $y=1-e^x$,$x=1$,$y=0$ 所围成的图形面积为 $\int_0^1 (1-e^x)dx$. （ ）

5. $\int_{-1}^1 x^{-4} dx = -\dfrac{2}{3}$. （ ）

三、填空

1. 曲线 $y=x^2$,$x=0$,$y=1$ 所围成的图形的面积可用定积分表示为 _____.

2. 已知 $\varphi(x)=\int_0^x \sin t^2 dt$,则 $\varphi'(x)=$ _____.

3. $\lim\limits_{x\to 0}\dfrac{\int_0^{x^2} \arcsin 2\sqrt{t}\,dt}{x^3}=$ _____.

4. $\int_{-1}^1 \dfrac{\sin x}{x^2+1}dx =$ _____.

5. $\int_{\frac{\pi}{4}}^{\frac{5\pi}{4}} (1+\sin^2 x)dx$ 的值的范围为 _____.

6. $\int_2^{+\infty} \dfrac{dx}{\sqrt{(x-1)^3}} =$ _____.

四、计算下列定积分

1. $\int_0^{\sqrt{3}a} \dfrac{dx}{a^2+x^2}$ ($a\neq 0$)

2. $\int_0^{\sqrt{2}} \sqrt{2-x^2}\,dx$

3. $\int_{-\pi}^{\pi} \sin kx \sin lx\,dx$ ($k\neq l$)

4. $\int_1^{\sqrt{3}} \dfrac{dx}{x^2\sqrt{1+x^2}}$

5. $\int_1^e \sin(\ln x)\,dx$

6. $\int_1^e \dfrac{dx}{x\sqrt{1-(\ln x)^2}}$

五、求下列各曲线围成的平面图形的面积

1. $y=x^2$，$y=2-x$

2. $x^2+y^2=8$，$y=\dfrac{1}{2}x^2$

六、求下列各曲线所围成平面图形绕指定轴旋转形成旋转体的体积

1. $y^2=x$，$y=x-2$（y 轴）

2. $(x-5)^2+y^2=16$（y 轴）

数学史话

无限的拓荒者——康托尔

康托尔（Georg Cantor，1845-1918）是德国数学家，创造了集合论，这是 19 世纪在数学科学中最独特、最伟大的成就之一。他出身于俄国圣彼得堡的一个丹麦家庭，11 岁时随家庭迁居德国法兰克福，1863 年进柏林大学。在分析上，他深受外尔斯特拉斯的影响。1869 年他成为哈雷大学的讲师，1879 年晋升为教授，并在该校度过他的后半生。

当他运用一一对应的概念研究集合时，作出了惊人的发现。1873 年，他证明了有理数集和代数数集的可数性。1883 年，他出版了《集合一般理论的基础》。由于承认无限集是真实存在的集合，而受到一些数学家的攻击和反对。1895—1897 年他提出了超限序数和超限基数的理论，由此引出了他的连续统假设。这个问题在 20 世纪引起了全世界数学家的兴趣，并被许多数学家，其中包括 K.哥德尔与 P.柯恩研究过。到 20 世纪初，康托尔的工作被完全承认，并成为函数论、分析与拓扑学的基础，刺激了数理逻辑中的直觉主义与形式主义学派的进一步发展。